ママと若者の起業が変えた ドイツの自然エネルギー

ドキュメンタリー監督
海南 友子

高文研

もくじ

本文デザイン・装丁＝細川佳

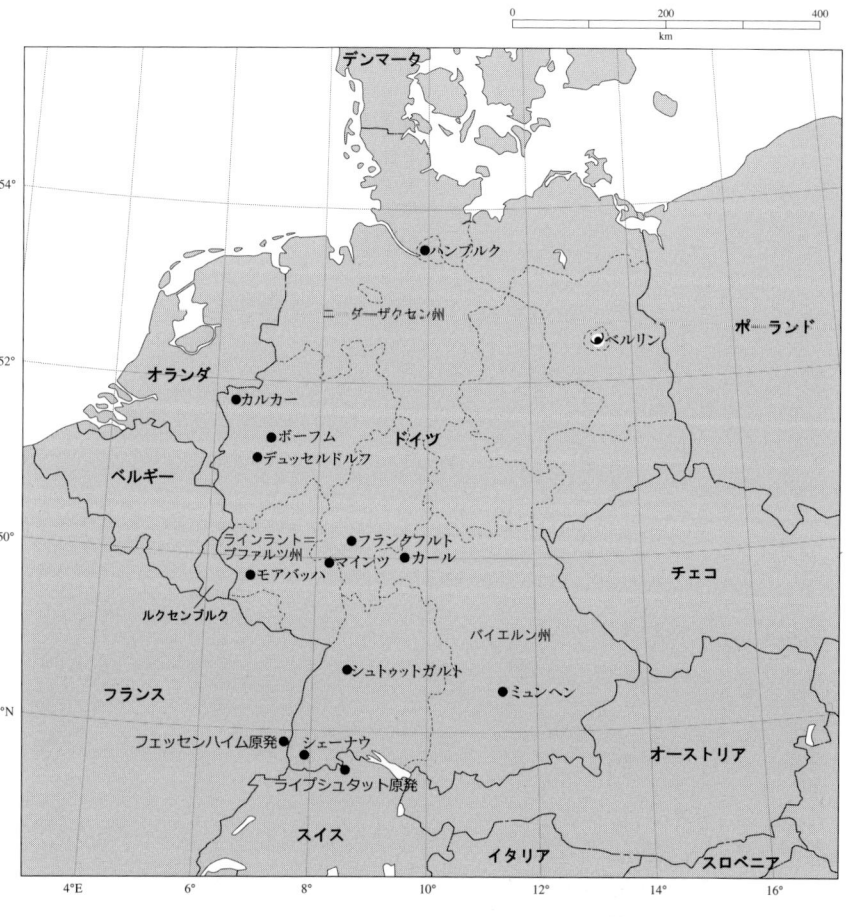

プロローグ
──カトリンさんと電気の明細表

　ドイツ・中部、フランクフルト近郊に住むカトリンさん（1957年生）
は、毎月電気の明細表を手にするたびに、明細表の裏を確認するのが癖
になっています。裏には、その電力会社が発電している電力の構成が
書かれているからです。火力25％、水力40％、風力15％、太陽光20％。
電力会社が、原発を使っていないことを確認していつもほっと胸をなで
おろします。

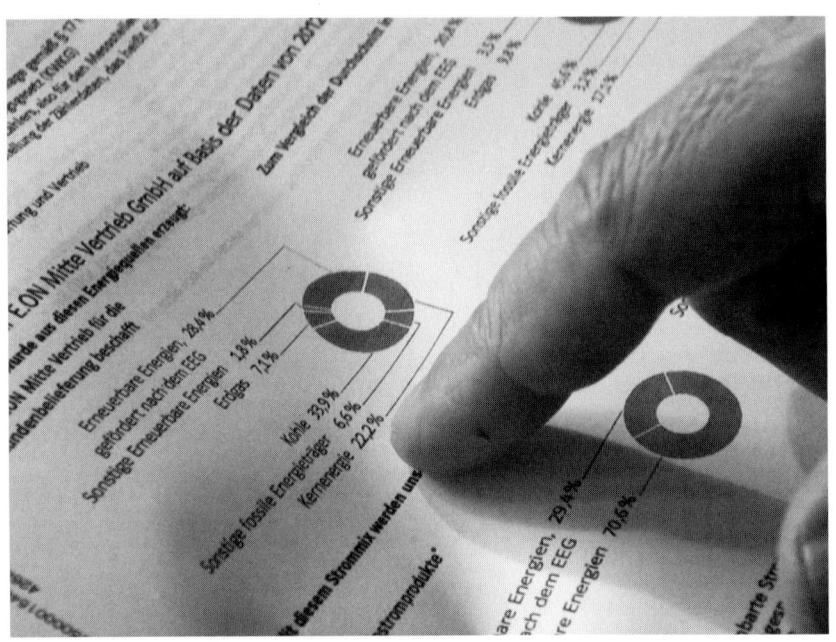

ドイツの電気使用料明細書には太陽光、水力など、何で発電しているか書かれている

カトリンさんには、大学生の娘（1991年生）と息子（1993年生）がいます。1986年に起きたチェルノブイリの事故後に子どもたちが生まれた頃は、インターネットもなかったし、当時、チェルノブイリの原発を運営していた旧ソビエト連邦（現在のロシア）は東西冷戦の真っ最中だったこともあって、自国に不利な情報を出さなかったために一体何が起きたのか全くわからなかったのです。

　わからないのに、ドイツ南部の黒い森（その自然の豊かさでドイツ人に愛されている森）でとれた肉やキノコ類から放射性物質が検出されて、食材への不安を拭い去ることは簡単ではありませんでした。目に見えない放射性物質は国境を越えて拡散し、その恐怖はドイツだけでなく、ヨーロッパ全土、そして幼い子どもたちをもつ全世界の母たちの気持ちを混乱させていました。

　あれから30年、大手の電力会社が寡占していた電力システムは大幅に改革されて市場が開放されました。規模の様々な電力会社が新規参入して、その数は数百を超えています。自然エネルギーをメインに据えた電力会社も多くなり、今では自分がどんな電力が使いたいのかを選べることが普通になりました。30年前は考えられないことです。

　時おり、夫が電気の明細を見ながら「もっと安い電力会社もあるんだから……」とつぶやくこともあります。それが夫婦で議論になることも……。でも、ただ、値段が安いという基準だけでなく、たとえば環境を大切にしたいという自分の価値観を大切にしながら、どのようなエネルギーを選ぶのか？　が、母たち、父たちの意思に委ねられる社会になっ

カトリンさん

　たのは事実で、それがチェルノブイリから30年の小さな努力の積み重ねから生まれたことはまぎれもない現実なのです。

　さらに、2011年の東京電力福島第一原発の事故を受けて、メルケル政権は国内の原発の段階的廃止を決めました。環境先進国であるドイツが国の方針として打ち出したことは画期的なこと。カトリンさんは将来にわたって原発のない国にドイツがなることは本当に良かったと思っています。近い将来、生まれるであろう孫や、そのあとの世代のためにも、絶対に正しいことだと感じているのです。

＊　　　　＊　　　　＊

　私は、ドイツのメルケル政権が、福島の原発事故のわずか３カ月後に、2022年までにドイツでの原発廃止を決断した時はとても驚きました。当時ドイツでは17基の原発があり、エネルギー全体の２割を賄っ

ていました。でも、事故からほんのわずかのあいだに、これほど大きな決断ができた背景には、大きな人々の声があったようです。

　ドイツの母たち、父たち、若者たちが一歩ずつ成し遂げてきた未来のカタチ。そう、それがそこにありました。

　そんなドイツのこれまでの歩みを知りたいと思いました。普通の母たちや若者たちがどのように奇跡を起こしていったのか？　原発をなかなかやめる気配がない日本と一体、何が違うのか？　知らなければと思いました。

　取材の動機は実は、とくも個人的なものです。2011年の東京電力福島第一原発の事故の直後に、渋谷のスクランブル交差点が真っ暗になったのを見て、私は日本の心臓は電気を作っている福島や新潟にあったことを知りました。さらに、自分の生年月日がたまたま福島第一の１号機の運転開始日と一緒だったことで、原発に40年近く、そうとは意識しないまま依存してきた自分をすごく反省して、すぐに福島に向かい取材を始めました。

　2011年の４月には原発４キロ地点まで肉薄。福島の事故をもっと知り、伝えなければと思い詰めて取材をしていました。でも、その直後に突然妊娠がわかって、胎内の子どものことを考えて福島での取材を断念せざるを得なくなりました。

　当時は、水道からも、食材からも、果ては東日本に住む複数の母たち

の母乳からも放射性物質が検出されるという非常事態が日常でした。危機的な状況の中で、お腹の子どもを守るために安全な食材や住まいを求めて発狂しそうな1年を送った個人的な体験は、5年たったいまも深い心の傷となって私自身に刻まれています。

　毎年3月11日が近づくと、理由もなく涙がこみ上げてきて、原発の危機を知って逃げるために飛び乗った新幹線の映像や、子どもが無事に生まれるまで自分を責めて責めて責め続けた暗い記憶が何度も蘇ってきて消えることはありません。

　実は、このような体験をしたのは私だけではありません。原発事故によって、多くの母たち、父たちが、子どもの健康や安全に悩み、安全な場所を求めて移住したり、遠方の水や食料品を子どものために取り寄せたり、それまでは行こうと思ったこともなかったデモに行くようになりました。

　この5年間に、取材を通して原発事故に悩む母たち、父たちおよそ200人に出会って感じたのは、多くの人々が原発という過去の過ちに気付いたことと、ここからどうやって社会を変えていけばいいのか真剣に悩んでいることでした。

　それはまるで長くて暗いトンネルみたいで、どこまで歩けば放射能の恐怖から解放されるのかも、誰に働きかければ社会が変わるのかもわかりません。みな出口の見えない暗闇を歩きつづけているのです。

　だからわたしは「出口」を知りたいのです。
　明るい未来の選択肢を知りたいのです。

　チェルノブイリとフクシマ。
　同じ痛みに苦しんだ過去を持つドイツの母たち、若者たちから、何か
ヒントをもらいたいのです。
　きっとそのヒントは、同じ苦しみの中で暗闇を歩き続ける日本のたく
さんの母たち、父たちに勇気を与えてくれると信じています。

　そんな思いで、ドイツの奇跡を探す私の旅は始まりました。

〈 What's 自然エネルギー？ 再生可能エネルギー？ 〉

　この本には、自然エネルギーや、再生可能エネルギーといった言葉がたくさん出てきます。主に自然の力を利用した発電のことです。現在、さまざまな種類の発電方法がありますが、一つひとつ言うと細かいので、まとめて自然エネルギーのような言い方をします。

　代表的なものには、こんな発電方法があります。

太陽光発電や太陽熱発電 ⇒ 太陽の光や熱を生かす

風力発電 ⇒ 風の吹く力を生かす

水力発電 ⇒ 川の流れる力を生かす

地熱発電 ⇒ 地中の熱を生かす

〈 What's 分散型エネルギー？ 〉

　いままでは原子力発電のように、大きな発電力のある設備で、遠くの町で発電した電力を、長い送電線を通じてそれぞれの家まで運ぶのが一般的でした。しかし、分散型エネルギーというのは、例えば村や町単位で小さな発電をそれぞれ発電して、その電力を地域で使うという考え方です。理想は自分の使うエネルギーを、自分の家や近所で作って消費すること。エネルギーの地産地消ともいえます。

第1章

落ちこぼれ学生の国際的自然エネルギー会社!?

米国のアップル社や、日本のソニーのように、若者が始めた小さな会社や町工場が世界を変えたという事例はたくさんあります。iPhoneやウォークマン、小さなイノベーションが人々の暮らしや生き方も変えてしまったと言っても過言ではありません。創業者は人々の暮らしを変える偉業を成し遂げ、伝説になりました。

　ドイツにもそんな偉業を成し遂げた伝説の若者たちがいます。若者と言っても会社を立ち上げたのは少し前なので、彼らは40代になっていますが、20代の若者がたったふたりで、実家や親戚の家の裏庭で始めた風力発電の会社は、現在従業員1500人。世界14カ国に自然エネルギーを供給する大きな企業になっています。社長は、ドイツのメルケル首相とも財界人として交流があり、メルケル政権が原発全廃という新しい選択肢をしたことにも少なからず影響を与えているとも言われています。偉業を成し遂げた若者たちは生ける伝説となりました。

　チェルノブイリ原発事故からの30年のドイツの変化を訪ねる旅。まずはじめに偉業を成した遂げた若者たちの会社を訪ねました。

白い風車の奇跡

　ドイツの高速道路アウトバーンは果てしなくまっすぐで、乗用車は無料（トラックは一部有料）で走れるから料金所もありません。無駄な高速代を取られることに慣れている日本人には、走っているだけでお得な気持ちになります。

　4月のドイツは温厚な気候で、青空の下、果てしなく広がる田園風景。ドイツ北西部のデュッセルドルフから、スイス国境に近い南部の町・シェーナウまで500キロ以上を車で移動しながら取材を続ける間、車窓か

ドイツ今十で白い風車がはためく光景に驚かされる

ら見える美しい風景の中で、特に目についたものが２つありました。

　１つは、たくさんの家の屋根に太陽光発電のパネルがのっていること
でした。最近は、日本でも太陽光パネルをあげる人が増えていますが、
農家の一軒家から、学校などの公共施設、大きな商業ビルの屋上にまで、
至るところに太陽光パネルがあげられていました。どんな小さなスペー
スからも発電しようとしていることがよくわかります。

　そして、もう１つは、数え切れないほど多くの風車が全土で風を受け
て回っていることでした。いわゆる伝統的なデザインの風車ではなくて、
真っ白でモダンなデザイン。それでいて周りの自然の景色と調和がとれ
た不思議な光景でした。ゆらゆらと風を受け、ドイツ全土にはためく白
い羽根。おそらく30年前にはほとんど見られなかった光景だと思いま
す。爽やかな風とは対象的な熱い情熱が、風車の光景からひしひしと伝
わってきました。

風車と情熱。それは、まさに若者たちの奇跡の会社juwi社（ユービ社）の伝説の最初のページにつながります。

俺って何がしたいんだっけ？

　のちにjuwi社（ユービ社）の社長となるマティアス・ヴィレンバッハーさん（1969年生）は、1995年の春から夏にかけて、ものすごく退屈な日々を病院で過ごしていました。実はこの年の春に、大学院の友人たちとサッカーをしていた時に靱帯を切ってしまったのです。入院と長いリハビリを経て復帰したのも束の間、その後、自転車の事故に遭い、痛めていた靱帯に雑菌が入り、また入院。ドイツ南部・マインツの大学病院での入院中は、何もすることがないまま時間を持て余していました。

　ベッドの上での退屈な日々は、自分の人生に向き合わざるを得ないしんどい時間になりました。

　「俺って、本当は何がしたいんだっけ？　このまま大学院をでて、一体どうしたらいいのか？」

　すでに年齢は25歳を超えていたマティアスさんにとって、いままで考えないようにしてきた将来への不安が噴き出してきました。

　もともと、ど田舎の農家の次男坊だったマティアスさんは、子どもの頃に農作業を手伝わされすぎたせいで、農家だけは継ぎたくないと思っていました。人口わずか80人の集落。自宅には20頭の牛、60頭の豚、朝から晩まで家畜の糞尿の世話をして農作業に明け暮れる。そんな人生だけは選びたくない。

　だから、高校を卒業すると都会の大学にでて、田舎の訛りを友人たち

に馬鹿にされながら大学で物理を勉強し始めました。当時、実家には現金収入があまりなく仕送りもなかったために、大学生活は勉強とアルバイトに明け暮れる日々。自分の将来をじっくりと考える時間もないまま月日は流れ、マティアスさんは将来のことを決められずに大学院に進んでいました。目の前の勉強とアルバイトに明け暮れているうちに、時間が過ぎてしまえばいいと思っていたのです。

　でも、正直、大学院での学問を将来の仕事にする気にはなれませんでした。嫌いではないけれど、それを一生の仕事にしたいかと言われれば自分には向いていないと、堂々巡りが続いていました。退院したら、論文を書いて、将来を決めなければならない、モラトリアム期間の本当の終わりが目前でしたが、マティアスさんにはさっぱり将来が見えていませんでした。

　そんな時、病院のベッドでふと目にしたのが小さな新聞記事でした。マインツ市郊外の山あいの村で、風車を建設した人たちがいるという記事でした。たった１台の風力発電で、200世帯が１年間に消費する電気が発電できると書かれていました。マティアスさんは風力発電に特別な関心はありませんでした。とても保守的な地域で育っていたので、原発反対のデモに行ったこともなかったし、チェルノブイリ原発事故の後にも原発やエネルギー政策に対して思い入れがあったわけでもありません。

　でも、なぜかわからないけど、記事を読んだ時、とにかくときめいたのです。

　「風の力で自分たちの地域の電力を作る。なんかすごい！」

当時、チェルノブイリ原発事故から約10年を経ていましたが、その少し前の1991年に、ドイツには再生可能エネルギーの「電力固定買い取り制度」ができていることも、その新聞で知りました。それは、発電量に応じた買い取り価格が設定されている法律で、余剰電力が出た場合に、それを売ることで利益が出ることも書かれていました。

　実家のある集落は人口わずか80人。1台の風車があれば全員の電力が賄える。それは環境にいいということ以上に、売電することで経済的にも意味があると感じました。

　退屈な時間を過ごしていたマティアスさんは、雷に打たれたように、「自分の育った集落にはまだこんな風車はない。その風車を建てるのは俺だ」と、強く思い込みました。幸い、場所はありました。実家の農家には広大な土地がある、だからきっとできる。今まで迷っていたどんな道よりも、この事業が素晴らしいことに思えたのです。何に対してもやる気が起きなかったマティアスさんが、初めて自分の意思でやってみたいと思うことに出会った瞬間でした。

　まさか、自分が将来、国際的な活躍をする自然エネルギーの電力会社の社長になるなどということは、夢にも思っていませんでした。

俺の風車を建てる！　ゼッタイに！

　退院して4日後、マティアスさんはすぐに新聞に載っていた風力発電の施設を見学しました。実際に風力発電を始めた人の話を聞き、確信を持った上で、自分の実家が風力発電に適した土地であるかどうかを、公務員をしている兄の知人に頼んで調べてもらいました。その知人は、たまたま自治体の再生可能エネルギーの助成金を出す仕事を担当していた

ので、調査の上、実家の土地が風力発電に適していることがわかりました。

　すぐに父親に相談しましたが、風力発電の建設コストが100万マルク（およそ6500万円）ときいた父親は激怒して、交渉に応じてくれませんでした。この当時、ドイツには電力自由化という考え方はまだありませんでした。地域独占の電力会社が幅を利かせ、人々が風力発電を始めようとするのを「自然エネルギーには未来がない」とか、「実際に得られる利益はごくごく少ない」などのネガティブな情報で阻止するだけでした。父親は保守的な人でしたから、既存の電力会社の情報を信じ、マティアスさんの提案は受け入れてもらえませんでした。

　まず、ひとりで100万マルクもの金額が負担できないことはわかっていましたので、急いで共同出資してくれる仲間を集め、自分の兄を含む9人の知人が賛同してくれて、全部で最終的に20万マルク（およそ1300万円）出してくれることになりました。
　さらに、父親の信頼を得るために助成金を得ようと、自治体の窓口を走り回って風力発電の設置許可を取りました。ラッキーだったのは、当時、州政府が再生可能エネルギー推進に理解のある社会民主党を中心とした政権だったことです。非常にタイミングよく自治体の建設許可が出て助成金を得ることが認められ、20万マルクが給付されることになりました。
　残りの金額は60万マルク、やる気のなかった次男坊が短期間で事業の計画や許可を取ってきたことに驚いた父親は、息子のやる気を初めて認めて、つきあいのある銀行を紹介してくれました。銀行の担当者は厳しい対応でしたが、大学院で物理の勉強をしていたマティアスさんには、

科学的な知識が多かったことが幸いしたのと、異常なほどの情熱で打ち込んでいたため、非常にこまかい収支の見通しや経営状況をプレゼンすることで、銀行を説得することができ、ぎりぎり60万マルクの融資を得ることに成功しました。これで資金が集まりました。

　資金の見通しが立ったマティアスさんは、建設するための詳しい風の調査を始めました。市の気象研究所を訪ねて風のアセスメント資料を入手したり、念入りに風速測定の実験を始めるなどに取り組みました。
　そんな時、出会ったのが、のちにjuwi社（ユービ社）をともに立ち上げることになるフレッド・ユングさん（1970年生）です。建設許可を得るために自治体の窓口に並んでいる時、たまたま近くにいたのがフレッドさんでした。
　実はフレッドさんも農家の息子で、自分の実家の敷地に風力発電を建てられないかと考えて具体的に動いていました。マティアスさんは早速、フレッドさんの実家の農地を訪ね、その場所の１年間の風速測定の値を見せてもらいました。お互いの立地予定の農地の現状や計画の弱点について語り合うことで、マティアスさんは風力発電のもつ可能性を確信しました。

　共同出資してくれた仲間と一緒に、風車の会社をいくつも見学し、実家の立地である山あいの集落に適した風車を探し、エルコン社での購入を決めました。購入する風車を決めた時、マティアスさんには時間がありませんでした。あと４週間で大学の休暇が終わるため、それが終わったら自分は論文を書かねばならない。その前に建設を迅速にしてほしいことを担当者に頼みました。

マティアスさん（左）は同じ志をもったフレッド・ユングさん（右）に出会った
写真提供 ©juwi社

　25歳で100万マルクの風車への投資。非常に緊張し、非常に大きな
負担を抱える契約でしたが、風力発電の未来を信じたマティアスさんは、
何かに突き動かされるようにして、風力発電を始めました。完成したの
は1996年の5月。入院中に新聞記事を読んでからわずか9カ月後のこ
とでした。

スタイリッシュな再生可能エネルギー会社の誕生

　1996年7月、風車の落成式が行われた時のことは忘れられません。
当時、風車に対する興味が、環境的にも経済的に盛り上がっていたた
めに、この落成式には近隣の村から2000人を超す見物客が訪れました。
小さな村には人があふれんばかりになり、風車がどのように発電するの
か？　そして、学生が1年足らずで建てたことにも強い関心をもってく
れました。マティアスさんにとって、忘れられない1日になりました。

風車の完成直後、マティアスさんは、農家の息子で同じ志を持つフレッドさんと再会し、再生可能エネルギーのビジョンなど話し合い、共同で会社の設立を決めました。彼らはまだ学生でしたが、互いに風車を建てる事業に真剣に取り組む同志でした。ふたりの苗字の頭文字であるフレッド・ユング（Jung）のJuとマティアス・ヴィレンバッハー（Willenbacher）のWiでjuwi（ユービ）という会社を設立しました。ふたりは1996年の年末までにさらに４基の風力発電の設置許可を得て、学生でありながら企業の運営に注力することになりました。

　1997年４月、卒業論文の提出を前に、マティアスさんの心は決まっていました。自分は大学院の学位ではなく、風力発電を一生の仕事にする。27歳の旅立ちでした。

▎juwi 社、拡大の秘密：クリスティアン・ヒンシュさんに聞く

　現在、juwi社（ユービ社）の本社があるのは、フランクフルトから60キロの田園風景の中です。高速道路から田園風景の道を進んでいくと、20基ほどの風力発電が点在していました。木材を大量に使用した３棟からなる４階建ての社屋は、ドイツで"パッシブハウス"と呼ばれる、エネルギー消費を徹底的に節約した建物になっています。

　すべての棟の屋上、駐車場の屋根に至るまで、至るところに太陽光パネルを配置しています。天井の隙間にも太陽光パネルが貼られており、発電できる場所を極限まで追求していることがわかります。発電の追求というと何だか味気ない感じですが、juwi社の社屋は全体が木材とカラフルに彩られた内装でできていて、表参道のカフェのような印象で、棟と棟の間には、テニスコートがあり、社員が非常にリラックスして働け

る居心地良い場所でした。

　訪ねた時はちょうどお昼時で、高い天井には自然光がふりそそぎ、食堂にはベジタリアンやオーガニックの食事メニューが揃えられていて（もちろん普通の肉食メニューもあります！）、環境に良い暮らしが日常生活に普通に取り入れられていました。従業員は20代、30代の若い人が多く活気がありました。執務エリアにもウッドデッキが配されていて、窓の大きな自然光がたくさん入る設計なので、普段は照明が必要ない明るさでした。

　夕方暗くなってきたらセンサーで自動で点灯しますが、昼間は、大雨や雪でも降らなければ部屋の中でも照明をつける必要がない。冷暖房の効率を高めるために窓は二重窓。寒い時は外気を遮断し、暑い時は冷気を取り込みやすいように建物自体を工夫しています。他にも節電に配慮して、会社全体でデスクトップコンピューターではなくノートパソコンを使っているなど細かい配慮もなされていました。本社から見えた風車はすべてjuwi社が企画運営したものでした。発電と節電のバランスに究極に配慮した社屋でした。

　広報部長のクリスティアン・ヒンシュさん（1966年生）は、経営者のマティアスさんたちと同年代で、一緒に会社を支えてきたひとりです。juwi社の拡大の秘密についてインタビューをお願いしました。

海南：現在、会社の規模はどのくらいですか？
クリスティアン：2～3人の小さな会社から、1500人の社員が働いているグローバル企業に成長しました。もともと風力がメインでしたが、太陽光エネルギー、バイオガス発電所も行っています。

木材がふんだんに用いられた juwi社の本社
至るところに太陽光パネル（全面手前）が据え付けられている

ロビーの一角には
juwi社の風車を
模したオブジェが
飾られている

これまでの20年間で、約2500の風力発電機・太陽光パネルを設置しました。ドイツの150万世帯が弊社からの電力を使用しているということになります。

　特にドイツでは風力がメインで、他の国や地域、たとえば、アメリカ、アフリカ、日本、オーストラリアなど国際的には太陽光パネルに力を入れています。世界14カ国で自然エネルギーを供給しており、シンガポール、南アフリカ、米国、チリやコスタリカ、オーストラリアなどです。多くの国で自然エネルギーの需要が高まっていると感じています。

海南：会社がこれほど大きくなったきっかけは何だと思いますか？

クリスティアン：やはり、自然エネルギーを望む多くの人々の願いだと思います。特にドイツでは、チェルノブイリの事故の後から自然エネルギーを促進する法制度が整えられてきました。従来は、電力会社大手4社が独占していましたが、90年代中ごろから2000年にかけて法律が制定され、小さな会社や市民による電力事業が可能になりました。juwi社もそのうちの一つです。

　再生エネルギーは火力発電や原発よりも優先して供給されることになりました。その結果、近年ドイツでは小さな電力会社を選ぶ傾向がみられます。その結果として、それぞれの地域の自然の力を生かした発電が可能になり電力供給の民主化が進みました。クリーンで、経済的に安定したエネルギーを求める人々の需要に応えられたことがjuwi社の事業拡大の理由です。

海南：juwi社の売り上げはどのようなビジネスモデルなのですか？

クリスティアン：私たちのビジネスモデルの柱は発電とプロジェクト開

発です。まずは、発電に適した土地や施設を買ったり借りたりして、発電施設を建てます。完成した施設を自分たちが経営して売電する場合と、施設自体を顧客に売る場合があります。

　施設自体の買い手の中には、エネルギー公社や、市民の出資によるエネルギー組合（詳しくは第4章を参照）、風力発電1機を丸ごと購入する個人消費者まで、さまざまな買い手がいます。エネルギー公社や市民のエネルギー組合などが投資をしてくれるおかげで弊社は儲かっています（笑）。

　ドイツには、再生可能エネルギーを20年間、固定料金で優先的に買い取りる法律がありまして、自然エネルギーに投資することは魅力的なことなんです。

海南：自然エネルギーの固定買い取り制度が出来たことは、会社が発展するための一助となりましたか？

クリスティアン：それは非常に大きいです。そもそもマティアスたちが

juwi社広報部長のクリスティアン・ヒンシュさん

会社を立ち上げた時に、すでにその買い取り制度の基本的なものは出来ていました。2000年に買い取り制度が発展することで、今ある再生可能エネルギーシステムが促進されました。弊社のような自然エネルギーの電力供給会社は、固定価格で電力を売ることができます。

　もしこの買い取り制度がなかったら、ここ15年で起こったようなドイツの奇跡はなく、自然エネルギーの普及にはもっともっと多くの時間がかかっていたでしょう。

成功の秘訣は人々の理解と参加

　話を過去に戻しましょう。

　1996年、実家に風力発電を建てることに成功したマティアスさんとフレッドさんのふたりですが、ふたりの会社が現在のような国際的な企業になるためにはいくつもの段階がありました。特に、風力発電のように自然の中から生まれるエネルギーに最も大切なのが、"市民の参加"であるということを、若いふたりは次第に学んできました。

　最初に"市民の参加"について考えることになったのは、juwi社として取り組んだ1つ目の風車でした。これはふたりにとって苦い経験になりました。1997年当時、実際に風車が建設される場合には強い反対がありました。住民説明会では、非常に厳しい罵声を浴びせられ、景観が悪くなって不動産の価値が下がるとか、説明なしで建設許可を取ったことに対する怒りも相当なものでした。

　一方で、説明会の後に、住民が風車に出資することはできるのか？と問いかけてくる少数の人もいました。マティアスさんとフレッドさんは、何を聞かれているのかよくわからず、反対している人への対応に追

われていましたが、あとで"住民が参加して事業を行う"ということの意味を反芻する機会になりました。

別の風車を、ヴェストプファルツ地方でjuwi社が10基建てる計画だった場所では、猛烈な反対運動が起きました。住民説明会は何度も紛糾し、子どもたちは泣き叫び、juwi社の車のタイヤが引き裂かれるなど、激しい抵抗にありました。マティアスさん自身がたびたび、説明会に足を運びましたがそれでも厳しい状況が続きました。

背景には、1996年から1999年にかけて、既存の電力会社のネガティブキャンペーンがありました。風力発電の問題点、景観を乱す、不動産の価値が下がる、風力電力など焼け石に水で意味がない、などが繰り返し指摘されました。特に電力会社は、これ以上風力発電が増えると電力系統の接続が不安定になるということを強調しました。実際には系統に接続できないということは強調されすぎた事象で、一つひとつの建設計画に基づいて実測していけば、電力系統の受け入れ容量が足りないということはほとんどありませんでした。

それとは別に、juwi社ではありませんが、住民から出資を集めて作った他の場所での風力発電のいくつかが途中で中止になり、失敗に終わったこともあって、市民の間からも風力発電に懐疑的な動きが出てきました。

その雰囲気の中でマティアスさんたちは、風力発電事業を行っていました。

いくつものプロジェクで同じような苦い経験を繰り返すうちに、根本的に手法が間違っているのではないか？　と考えるようになりました。もともと自分の実家のそばで建てる時には許可についての問題はありま

建設中の風力発電施設　写真提供©juwi社

せんでしたが、別の場所からやってきた若造が新しいことを始めると
き、一番大切なのは住民の理解と参加なのではないか。手順を間違えず、
人々と話し合うことの大切さ、そして"住民が参加できる"機会をどう
作れるのか、をふたりは何度も話し合うことになりました。

　実は、この住民参加ということを理解できたことが、juwi社が伸びる
大きな要因になったといえます。

　その後、住民説明を詳しく行うことや、事業プロセスに地域の自治体
を深く巻き込む手法に切り替えました。既存の電力会社が発信している
ネガティブキャンペーンの誤解を一つずつ解いていくこと、そして地域
に根ざしたエネルギーが、いかに地域の人々を経済的に豊かにできるの
かについての説明を続けました。

　既存の大手電力会社と、地域の小規模な電力会社の最も大きな違いは、
遠くの電力会社にお金を落とすのではなく、地域で働く場所を作り、地

域にお金を落とす効果があります。自治体にはその経済的なメリットを丁寧に説明し、地道な事業運営を続けることで、反対運動を解きほぐし事業拡大のめどが立っていくことになります。

米軍基地から 巨大ソーラーパークへ

　juwi社の発展で、象徴的な成功事例がひとつあります。

　ドイツ南部・マインツ市から2時間のところにあるモアバッハ村。人口1万1000人のこの村には第二次世界大戦後、1989年までの東西冷戦の時代、NATO（北大西洋条約機構）や米軍の施設が点在していました。その一角の150ヘクタールの敷地には、1957年から95年までヨーロッパ最大のアメリカ空軍の弾薬保管庫があり、144もの小さな保管庫が並んでいました。その後、東西ドイツが統一して冷戦が終わり、必要性がなくなって1995年に米軍から土地が返還されました。

　しかし、跡地利用を巡って混迷を繰り返しました。土地を所有する連邦政府、地方自治体が議論を重ねて、新しい工業団地や住宅地、エビの養殖場の建設案まで出ましたが、米軍基地の跡地には土壌汚染の可能性もありリスクが高すぎてだれも手を挙げませんでした。行き詰まっていた開発に光が差し込んだのは2000年。自然エネルギーの固定買い取り制度の改正がなされたのです。ここに目をつけたモアバッハ村は、地元の大学と協力し、地元経済を盛りたてる自然エネルギーの発電施設を建てることを考えました。

　小さな村では資金もないために、この事業の運営主体となるパートナーを公募。juwi社は絶対にこのプロジェクトに関わりたいと手を挙げ

ました。当時、社員数は30名。ふたりで始めた時よりはずいぶん大きくなっていましたが、巨大プロジェクトを運営するのは容易ではありませんでした。しかし、基地の跡地を風力発電に変えるというコンセプトはこの上なく理想的でしたし、絶対に応募すべきだと考えました。

　自治体側から見るとjuwi社が出した条件は、決して最も有利な条件ではありませんでした。しかし、それまでの数年間でjuwi社には苦い失敗を含めてたくさんの経験があり、地域の住民に何が還元できるのか？といった観点からモアバッハ村の事業運営をプレゼンで説明したことで、信頼を勝ち得て勝ち残りました。

　設備の設計、資金集め、建設、運営のそのすべてをjuwi社が担い、自治体は１円も出さずに事業化に成功。土壌汚染された土地の浄化から始めたjuwi社は、２年かけて事業を成功させてモアバッハ・ソーラーパークとして2003年オープンにいたりました。

　完成したモアバッハ・ソーラーパークは、150ヘクタールの土地に巨大な風力発電機が14機。２メガワットの発電力があります。さらにこれとは別に２メガワットの太陽光パネルと、500キロワットのバイオマス発電所と木材チップ工場も作られました。このエネルギーパークで約３万人の電力を賄っています。

　この施設の成功の鍵は自治体との深い連携でした。juwi社も、巨大な施設が市民から受け入れてもらえるよう細心の注意を払いました。モアバッハ村は積極的に説明会を続け、観光産業からの反対や個人からの反対にも丁寧に応じました。近隣で風力発電に関する裁判が起きていた場所があったので、広大な場所にまとめる形で解決策を図り、当時としてはかなり大きな高さ100メートルもの風力発電を作ることもできました。

現在、モアバッハ・ソーラーパークにはドイツ内外から３万人もの見学者が訪れています。自治体の収益は、直接的には年間35万ユーロ（およそ4300万円　※特記ない場合は執筆時2016年4月のレートで換算）の土地の賃貸料と事業税。ソーラーパークでの雇用、建設にかかわった地元業者、見学者の増加による観光産業など、地域経済への影響は計り知れません。基地からソーラーパークへ。とてもユニークで平和的な事業に成功したことは、juwi社の躍進の象徴となりました。

　この成功例を参考に、旧東ドイツの州にある昔の軍事施設から大規模なソーラーパークに姿を変えた場所もあります。

　マティアスさんが建てた最初の風車は７年間で、当初の予測より３割以上も多く発電しました。その後、建て替えされ、より巨大化した風車は高さ100メートル、羽の大きさも70メートルになり、当初の予測の４倍もの発電を賄うようになりました。

　juwi社は、2000年代前半から飛躍的に拡大し、諸外国での事業を始めました。特に、アフリカや中米など経済的に発展途上にある国々では、風力よりも、小さな太陽光発電が国の事情にあっていることを、実際にマティアスさん自身が現地に行くことで確かめたことをきっかけに、精力的に太陽光発電の普及に努めています。

　本社のロビーにはたくさんの盾やトロフィーが飾られていました。「カンパニー・オブ・ザ・イヤー」、「CEOオブ・ザ・イヤー」、いくつものドイツの賞を受賞したjuwi社とマティアスさんたち。その中には、従業員の満足度の高い会社としての受賞もありました。

　行き詰まり、自分が将来進むべき道さえ見つけられずに人生の暗闇を歩いていた若者が、小さな新聞記事と出会って情熱だけで始めた事業。

広大な敷地に作られた、モアバッハ・ソーラーパーク　写真提供©juwi社

それがいま、ドイツのエネルギー政策の道筋を変え、さらに遠い国で肩寄せ合って暮らす家族の家の明かりを灯すまでになりました。

　小さな出会いから大きなチャンスをつかんで、電力改革の象徴となった若者の奇跡。私の胸にも勇気の小さな灯火が灯ったような気持ちで、juwi社を後にしました。

奇跡の遊園地

　ドイツの奇跡を象徴するのが「ワンダーランド・カルカー」という遊園地です。ドイツ北西部のデュッセルドルフから北へ約90キロ、オランダ国境に近い農村カルカーにあり、人口13000人の町に、年間50〜60万人もの観光客が押し寄せています。ホテルも併設されているため、地元に550人の雇用を生んでいて地域経済の中核施設です。隣国オランダからも家族連れが訪れて笑顔に満ち満ちた場所です。

　実はここは、もともと「カルカー高速増殖炉」という核関連施設になるはずでした。メリーゴーランドやジェットコースターに囲まれ、中央に位置する巨大な建物は、高速増殖炉の元排気筒。中は空洞で、巨大な回転ブランコになっており、上下するたびに子どもたちの絶叫がこだましていました。遊園地のかたすみには、核燃料が運び込まれるはずだった別の巨大な建物が廃墟となって残っていました。建物の壁は厚さが2メートル以上、非常に頑丈にできていることがわかります。遊園地と核施設という、対極のものが時空を超えて同居している不思議な場所でした。

排気塔を利用して
作られた遊具
子どもたちの笑い声が
こだましていた

Wunderland Kalkar

1986年のチェルノブイリ原発事故のあと、当時、完成間近だったカルカー高速増殖炉は、地元の父ちゃん、母ちゃんたちが主導してきた長年の反対運動が一気に盛り上がり、廃止に追い込まれました。

反対運動に力を注いだヨセフ・マースさん。かつてのカルカー高速増殖炉前にて

　田舎での反対運動という大変な活動の先頭に立ったのは、ヨセフ・マースさん（1931年生）。４人の子どもを持つ敬虔なキリスト教徒で、教会区の役員をしていた1970年代の終わりごろ、高速増殖炉建設のために、州政府が教会の土地を強引に買い上げようとしたことがきっかけで、高速増殖炉に疑問を持ちました。

　ヨセフさんの娘のウルズラ・ファンディックさん（1969年生）は当時小学生。

　「父は“ストップカルカー”という市民運動グループを立ち上げ、

うちには緑の党の人や反原発の人たちが出入りしていました。私たちにも、原発がなぜ正しい道でないのかをいつもわかりやすく説明をしてくれていました。

　当時、村の中は賛成派と反対派で真っ二つでした。父は子どもたちのために闘わなければならないとデモを続けていて、時々私たち兄弟も行きました。チェルノブイリ事故の前までは、反対運動は見下げられていて、デモで警察が催涙弾を使ったりしてとても怖かった。でも、一緒に行ってよかったです。父が何と闘っているのかよくわかったし。父はあくまでも平和的な活動を主導していて、どんな嫌がらせにも屈しませんでした。そんな父を私たちは尊敬していました」

　ヨセフ・マースさんの市民運動グループは、高速増殖炉の稼働許可を遅らせるために裁判に訴えていました。その最中にチェルノブイリ原発の事故が起きました。事故の後、町の人々の雰囲気は一転しました。

　社会全体が原発の危険性を理解して、事故後のデモにはオランダからも多くの父たち、母たちの参加者がありました。汚染は国境を越えてやってきます。チェルノブイリの経験が国境を越え、人々を立ち上がらせたのです。

　当時カルカー高速増殖炉の施設自体はほぼ完成していて、核燃料を搬入して運転を開始するだけでしたが、反対運動の盛り上がりを受けて、使用済み核燃料の再処理自体が安全性と採算性を担保できないということで、本格稼働する前に廃止になりました。役目を失って放置されていた施設を、オランダの実業家が遊園地に転用して今に至っています。これらの経緯から、カルカー遊園地は、ドイツの脱原発を象

徴する場所のひとつになっています。

　ヨセフさんの娘のウルズラさんは語りました。

　「もし、父たちが粘り強く運動していなかったら、もっと早くカルカー増殖炉は運転を始めていたでしょうし、核燃料が持ち込まれていたら遊園地にはすることは不可能でした。きっと、いまも負の遺産として廃墟のままでしょう。父たちの事故前の活動があったからこそ、チェルノブイリの後に大きな盛り上がりが生まれて、カルカーの町の今のにぎわいがあるのです」

　カルカー遊園地の施設管理責任者として長年働くカール・ハインツ・ロットマンさん（1956年生）は、旧カルカー高速増殖炉の元従業員です。核燃料の入るはずだった施設を案内しながらこう語ってくれました。

　「もう、核施設の時代は終わったんだよ。僕らはプライドを持って増殖炉で働いていくつもりだったけれど、ドイツは民主主義の国だからね。みんなが決めたことには従うしかない。どっちが好きかって？そりゃ、遊園地のほうがいいさ。楽しいからね」

カール・ハインツ・
ロットマンさん

ヨセフ・マースさんの娘一家。『カルカー遊園地は町の誇りです』

　高速増殖炉は、使用済み核燃料の再処理という難しい事業のため、世界的にも運転している国はフランスなどごくわずかです。日本では福井県にある"もんじゅ"が有名ですが、何度も事故が続いたために長い間休止中です。福島第一原発の事故のあとには、その採算性と安全性への疑問から廃止についても検討されています。

　福島の原発事故のあと、反対運動のリーダーだったヨセフさんの娘ウルズラさんは、息子のルカくん（2001年生）と娘のリナさん（2003年生）を連れてドイツの原発全廃のためのデモに家族で参加しました。出がけに、亡くなった父ヨセフさんの写真に話しかけました。

　「なぜ核エネルギーが正しくないのか、子どもたちにわかるように話すからね。お父さんがしてくれたのと同じように」

第2章

シェーナウの母たち 電力会社始めました

環境のノーベル賞と
よばれる
ゴールドマン環境賞を
受賞したとき
オバマ大統領と
ウルスラさん
（右から２番目）
写真提供 ©EWS社

　ドイツ南西部にある人口2500人の小さなシェーナウ市。スイス国境に近いこの町は、アルプスの雰囲気漂う山間の小さな町です。のんびりしていて美しい景色。黒い森の恵みに抱かれたこの場所でドイツを代表するもうひとつの奇跡は起きました。1986年のチェルノブイリ原発事故を発端に、この町の母親たち、父親たちが興した企業「EWSシェーナウ電力会社」は、現在ドイツ全土に15万世帯の顧客を抱える、国内有数の自然エネルギーの電力会社に成長しています。

　社長のウルスラ・スラデクさん（1946年生）は５人の子どもの母であり、元小学校の教師。いまは起業家として国際的な環境の賞をたくさん受賞しています。2011年には環境分野のノーベル賞と言われる米国のゴールドマン環境賞も受賞し、その授賞式ではオバマ大統領に自然エネルギーを進める冊子を渡した猛者です。

　もともとは内気な女性だったというウルスラさんですが、こんなにのんびりした町で、普通の母たちの力によってこのような奇跡の会社がどうして生まれたのでしょうか？

ドイツ内外の様々な賞を受賞しているウルスラ・スラデクさん（左）　写真提供©EWS社

子どもに食べさせていいものは？　母たちの不安

　1986年4月26日チェルノブイリ原発（現在はウクライナにありますが、当時はソビエト連邦の一部）の事故が起きた時、ウルスラさんたちは、一体何が起きたのかすぐにはわかりませんでした。当時、ドイツはベルリンの壁が崩れる前の東西冷戦下で、東ドイツと西ドイツに分断されていて、シェーナウは西ドイツにありました。旧ソビエト連邦（以下・ソ連、現在のロシア）が情報を開示しなかったために、事故の起きた26日から数日間は憶測が飛び交い、30日になってソ連は初めて原発事故が起きたことを認めました。

　その後、5月1日になって西ドイツ政府が国内でヨウ素131やセシウム134、137などが検出されたことを発表して、人々はパニックに陥りました。ドイツ全土で牛乳やキノコなどの汚染が話題になり、放射性物質の測定器が飛ぶように売れ始めました。

ドイツ南西部、スイス国境近くに位置するシェーナウ市

　シェーナウはドイツ南西部にあるので、チェルノブイリ原発からは、やや離れており、直線距離で約2000キロの距離がありました。しかし、風に乗って放射性物質が流れてきて、ホットスポットのようにドイツの宝である黒い森と呼ばれる自然豊かな場所で比較的高い線量が検出され、母親たちはとても不安になっていました。

　当時、ウルスラさんは40歳、もとは小学校の教師をしていましたが、5人の子どもがいて、下は4歳から上は13歳と非常に手がかかる時期だったので、仕事を休止して主婦をしていました。夫は医師。夫婦は子どもを自然豊かな場所で育てたいと、緑豊かで環境の良いシェーナウに引っ越してきて、このとき9年目でした。

　ウルスラさんの家庭でも「一体、子どもたちに何を食べさせれば安全なのかしら？」「森でとれるキノコや木の実、獣肉などは食べないほうがいいの？」「外で遊ばせていいの？　砂遊びさせていいの？」など疑

46

問はつきず、毎日同じような会話を続けていました。

　危険な事故があったからには、西ドイツの政府がきっときちんとした対策をしてくれるはずだと思っていたウルスラさんたちでしたが、「食料は安全です」「ドイツの原発ではチェルノブイリみたいなことは起こりません」といった情報ばかりで、実際に自分たちの子どもを守るために真剣になっているように感じられず、途方にくれていました。

きっかけは小さな新聞広告

　ウルスラさんが悩んでいた頃、同じ思いを抱えた母がシェーナウ市にいました。ザビーネ・ドレーシャーさん（1961年生）。当時、ザビーネさんは３カ月の娘と、１歳半の息子を育てる専業主婦でした。事故が起きたその日は、子どもと庭で遊んでいて途中で雨が降ってきました。後日、チェルノブイリ事故が起きていたことを知り、子どもが放射能の影響を受けていないか急に不安になりました。

　娘は、当時まだ生後３カ月。母親が汚染された食べ物を口にしていたら母乳に放射性物質が混ざっているのではないかと悩み続け、外に遊びにも行けず、絶望的な状況に陥っていました。でも、黙っているだけではだめだと夫や友人たちと相談して、まずもっと仲間を増やさなくてはと、地元新聞に小さな広告を出しました。

　「チェルノブイリ後、子どもや孫たちの将来に不安を抱えている人、何かしたいけれど、どうしたらいいかわからない人。私たちは、放射能や化学物質による地球環境の危険性に向き合う仲間を募集しています」

新聞広告を出したザビーネ・ドレーシャーさん

　ザビーネさんと友人たちの名前と連絡先が書かれた小さな新聞広告は
反響を呼び、新しい仲間十数人がザビーネさんの家に集まりました。の
ちに電力会社の社長になるウルスラさんも夫のミヒャエルさん（1944
年生）と一緒に新聞を見て、そこに集いました。

　集った人々の中ではザビーネさんが一番若く、他の母たちもザビーネ
さん同様、小さな子どもを抱えていました。自分が知っている安全な食
料の情報を交換したり、安全性の確約された粉ミルクを分け合ったり、
どの公園の砂場からセシウム137が見つかったかなど、放射能から我が
子を守るために情報交換を行い、時にはデモも行いました。

　最初は、食品のことを中心に話し合っていましたが、しばらくしても
っと何か社会を変えるためにできることはないかと会を立ち上げること
になりました。「反〇〇」という名前の団体よりは、「何かのために」
という名前の方がよいのではないかと話し合い、チェルノブイリの事故
から約1年後の1987年5月、「原発のない未来のための親の会」とい
う会が立ち上がりました。

まずは保養キャンプから

　「原発のない未来のための親の会」が初期に取り組んだことは主にふたつです。ひとつは、チェルノブイリで被災した子どもたちのサポートをすること、もうひとつはエネルギーの使い方を考えること、興味を持った参加者がそれぞれ中心になって取り組みが始まりました。

　ザビーネさんたち数人は、チェルノブイリで被災した子どもたちの支援活動に力を入れるため、教会の紹介でチェルノブイリ原発に近いキエフ（現在のウクライナの首都、当時は旧ソ連）病院の医師を紹介してもらいました。現地では薬も医療機器も不足していることを知ったので、バザーなどで継続的に資金を集めて、薬や衣料品などの物資を送り続けました。さらに、何か心の通じるものも送りたいと、一人ひとりの子どもたちに手紙を書くアイデアが生まれ、手紙の翻訳を頼める人を探して、治療を受けている子どもたちとシェーナウの人々との手紙のやり取りが始まりました。ザビーネさんの自宅には、今でもその時の手紙が大量に保管されていました。

　最初の手紙にザビーネさんはこう書きました。「被災した子どもの保養を西ドイツのシェーナウで受け入れたいと思っていますが、興味はありますか？」その後、キエフの医者との連携が実って、病院に入院している子どもたち20名がシェーナウ市での保養に訪れました。その後も数年間にわたりホームステイの受け入れは続けました。

　「子どもたちはとても病弱で、満足な治療も受けられず、食事もままならず、外で遊ぶことも難しい状況にいました。だから保養をとても喜んでくれて、シェーナウの子どもたちとも言葉の壁をこえて仲良くなりました。地元の個人や企業もたくさん協力してくれて、子どもたちとの

シェーナウで行ったチェルノブイリの子どもたちの保養キャンプ　写真提供 ©EWS社

交流はシェーナウの人々の心に響いて長く人々の心に刻まれました」と
ザビーネさんは当時のことを振り返ります。

　手紙とともに大事にしまわれているアルバムが何冊もありました。シ
ェーナウでの保養中にとったバーベキューなどの楽しい写真などにまざ
って、キエフ病院での痛々しい子どもたちの写真がいくつもありました。
保養に来た中にも、白血病を患って亡くなった子どもも1人、2人では
ありませんでした。悲しいけれど、訃報が届くたびに、それが原発事故
の現実であることを直視せざるを得なかったし、一時的な保養や支援だ
けでは解決できない重い課題がそこにはありました。

　ザビーネさんたちは、キエフの子どもの病気に接するたびに、原発が
ある限り事故が起きたら自分の子どもも同じ危険にさらされると感じる

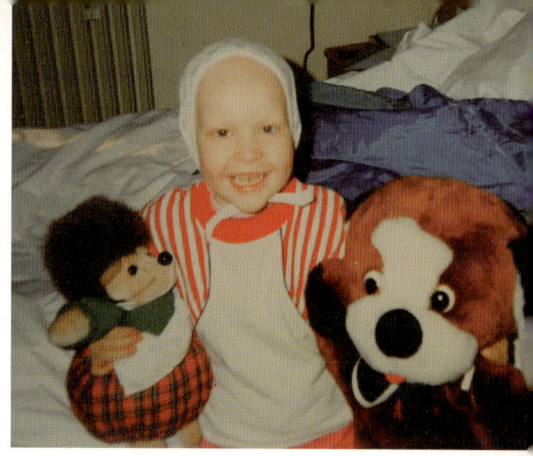

保養キャンプに来た子どもたちからの手紙　　キエフの病院にいた少女
シェーナウ保養に来たあと亡くなった

ようになりました。最も近い原発はフランスのフェッセンハイムの原発
と、スイスの国境沿いのライプシュタットの原発。どちらもシェーナウ
から25〜30キロのところにありました。チェルノブイリの子どもたちと
出会ったことで、身近な原発の危険性に改めて気づくことになりました。

省エネのススメ

　「原発のない未来のための親の会」が、もうひとつの活動の柱として
すすめたのは、エネルギーの使い方＝省エネを広めるアクションでした。
中心的な役割を果たしたのは、ウルスラさんと夫のミヒャエルさんと、
ダグマー・ツックシュベアト（1947年生）さんとディーター・ツック
シュベアト（1943年生）さん夫妻です。ふたりとも物理の教師をしな
がら4歳から8歳の3人の子どもを育てていました。
　「僕らは、フェッセンハイム原発の近くの学校で教えていたこともあ
って、原発に反対して、それを放棄するためには、エネルギー消費を抑
える努力をしなければと考えていたんです」とダグマーさん。

節電キャンペーンに取り組んだ
ツックシュベアト夫妻

節電キャンペーンで配ったリーフレット

　ツックシュベアトさん夫妻は、省エネの知識ややり方を広めるために、日常生活の中の節電のヒントを、面白いイラスト付きのカードや冊子にまとめてイベントで配ることを提案しました。例えば、冷蔵庫の裏側のほこりを拭き取ろうとか、一つひとつは日常でできる小さなことです。そのために"親の会"で省エネアイデアを出しているうちに、これらのことは偉そうに説明するのではなく、面白い説明やユーモアあふれる書き方をしたほうがいいと思いました。「乾燥機はいらない。洗濯ひもで

天日干しが超快適！」とか、読んだ人が拒否せずにやってみたい、節電
を楽しめるように思ってもらうことが大事だと考えたのです。

　省エネイベントを発展させたのが、1988年から始まったシェーナウ
節電コンテストでした。市役所前の広場を使って、スポーツ競技のよう
に節電を競うコンテストを華やかに行いました。一定期間に、より多く
節電した人に素敵な商品が当たる。最初の年の１等はイタリア旅行のチ
ケットでした。町の人たちは、節電は不便なことなのではなく、面白く
て自分にも、地球にもいいことができると思い始めました。

　さらに、実際に省エネに取り組んでみると、意外にも省エネがおサイ
フにも優しいことを知るようになりました。

　当時、シェーナウ市の電力の４割が原発の電気で賄われていましたが、
省エネキャンペーンが続いたことで、各家庭で平均して２割近い電力量
が削減されました。シェーナウ市に電力を供給していたラインフェルデ
ン電力会社（KWR社）にも協力を呼びかけましたが、売上が減る事業
に電力会社が協力することはありませんでした。

　さまざまな取り組みは功を奏し、省エネコンテストの驚異的な成果は
全国紙にも取り上げられて、少しずつ“親の会”の認知度が全国的に上
がって行くことになります。

　次第に、ウルスラさん夫妻の家に、省エネに関心がある人々が集うよ
うになりました。より詳しい勉強をしていく中で、省エネを進めるため、
原発をなくすためには、自分たちを代表する地域の議員がいた方がいい
と考えました。そこで、ウルスラさんの夫で医師のミヒャエル・スラデ
クさんが市会議員に立候補して当選しました。

　代表がいれば意見が少しは通ると考えましたが、ここから“親の会”
の長い長い闘いが本格的に始まることになりました。

The future
starts with us !!

　1989年12月、ベルリンの壁が崩れ、分断されていた東西ドイツの歴史的な瞬間が訪れました。翌1990年、統一ドイツが誕生し、さまざまな変化が訪れました。

　このタイミングで、当時は、大手が寡占状態にあった電力システムの本格的な改革が必要だと感じたウルスラさんたちは、会を代表して市会議員になったミヒャエルさんを筆頭に、連邦政府などに電力システム改革についての陳情を始めます。しかし、田舎町の議員の声など連邦政府は相手にしてくれず、みじめな思いをすることになりました。

　国政の政治家に頼って何か変えることをお願いするだけでは何も変わらない。自分たちの手で変えるにはどうすべきかと考えたウルスラさんたちは、1990年に"分散型エネルギー普及の会"を立ち上げました。それは、自然エネルギーを広めることを設立趣旨にした組織で、省エネをしながら自然エネルギーを普及したり、コジェネとよばれる、発電しながらそのときの廃熱も利用できる設備を広め始めました。組織の事務所はウルスラさんの自宅。小さな一歩の始まりでした。

　ウルスラさんたちは、黒い森の中に、かつて使われていたたくさんの小規模水力発電が見捨てられていることに目をつけました。それらを復活させて地元の発電として使えるようにしたり、それらを普及させるために、小規模な融資を行ったりしました。事業は順調に伸びていきましたが、当時シェーナウ市に電力を供給していたラインフェルデン電力会社（KWR社）は、"親の会"や"分散型エネルギー普及の会"が、省エネキャンペーンに続き、小規模の発電を積極的に盛り立てる事業を始めたことをよく思っておらず、ことあるごとに邪魔するようになりました。

1990年８月、ラインフェルデン電力会社（KWR社）は、シェーナウ市に対して、今後20年の電力供給の契約更新の条件について提案をしてきました。当時は、電力会社は地域の独占企業だったため、市と契約が更新されると今後20年は何も変えられないということが知られることになりました。

　"親の会"のメンバーは、ラインフェルデン電力会社（KWR社）に、環境によりよい電力供給を頼む申し入れを熱心に始めました。たとえば、「原発の比率を減らして欲しい」や、「省エネしたことで消費者が報われる料金体系を検討して欲しい」といった内容です。とても積極的に申し入れを続けましたがすべて脚下。省エネキャンペーンによってラインフェルデン電力会社（KWR社）の利益が減ったことについての嫌味まで言われ、非常に冷たく突き放されました。

自分たちで電力会社を立ち上げよう！

　ラインフェルデン電力会社（KWR社）のあまりの冷たい対応にショックを受けたウルスラさんたち"親の会"のメンバーは改めて集いました。

　この数年、子どもたちの健康や食料の放射能汚染の問題に始まり、さらにチェルノブイリの子どもたちの支援を通じて原発事故の本当の怖さを身にしみて感じた"親の会"のメンバーたち。今後20年間も、原発を減らす気が微塵もない電力会社とシェーナウ市が契約するのを黙って見過ごしていいのか？　という意見が相次ぎました。ラインフェルデン電力会社（KWR社）は、フランスとスイスの国境近くにある２つの原発にも出資しており、今後、いくら"親の会"や市民が協力して省エネが成功したところで、原発が減ることはないということがわかりました。

ウルスラさんは当時のことを振り返ってこう言いました。

「電力会社に絶望的した私たちは、だからこそ、シェーナウ市の送電線を買って自分たちで電力供給をできないか？　というアイデアが自然に出てきたのです。正直、本当にできるのかはわかりませんでした。でも、おそれずにそういったことに取り組まなければならないのではないか、と強く思うようになりました。

今でこそドイツも変わりましたが、1990年代の初めは節電をすればするほど1時間当たりの電力量が高くつく料金設計でした。ラインフェルデン電力会社（KWR社）は、節電キャンペーンに徹底的に抵抗していましたし、結局は、自分たちが電力会社になって、節電しやすい料金体系を整え、原発の電気を使わなくするためには、シェーナウ市の送電線を買い取らなければならいと考えるようになりました。あの時が一番大変な時期でした」

切羽詰まった状況から生み出された、自分たちの電力会社というアイデア。当時のドイツではそれを成し遂げるのは簡単ではありませんでした。達成するには当面3つのハードルがありました。（実際にはもっとたくさん出てくるのですが）最初に予見されたのは以下でした。

1. まず、シェーナウ市と、ラインフェルデン電力会社（KWR社）の20年の契約を阻止すること
2. 次にシェーナウ市から電気の供給権利を、自分たちの電力会社が勝ち取ること
3. その上で、ラインフェルデン電力会社（KWR社）が所有していたシェーナウ市内の電線を買い取って、自分たちの自然エネルギーを中心にした電力を送れる体制を作ること

活動を始めた頃のウルスラ・スラデクさん（左から２番目）と親の会の仲間たち
写真提供 ©EWS社

　ドイツの電力が自由化されるのは1998年のことです。1990年代の初め、ウルスラさんたちが戦っていたときには自由化はなされておらず、市民が作った電力会社が電線を買い取るなんて、実現するとは思えない状況でした。

　まず、ウルスラさんたちは手始めに1990年11月、市民で５万マルク（当時のレートでおよそ320万円）を出資して『シェーナウ送電線買取会社』を立ち上げ、その後２カ月で、さらに出資を募っておよそ500人の出資者で当面の資金を賄いました。もし電線が買えたあかつきには、利子をつけて返しますと約束した資金でした。

　市議会では、ラインフェルデン電力会社（KWR社）とシェーナウ送電線買取会社のどちらが発電業社にふさわしいのかを判断することになり、そのために、シェーナウ送電線買取会社は専門家に頼んで数千ページにもわたる計画書を提出しました。この計画書は“親の会”とシェー

ナウ送電線買取会社の勇気ある趣旨に賛同した専門家が協力してくれた
もので、非常に良くできたものでした。

　しかし、市議会にそれがかけられた91年7月、あっけなくラインフ
ェルデン電力会社（KWR社）の方がすぐれていると軍配が上がりまし
た。結果がこう出ることは、"親の会"やウルスラさんたちはすでに織
り込み済みでした。すぐに「市議会の判断は無効ではないか？」という
住民投票を呼びかけることを決めていました。

　住民投票を実現するには、シェーナウ市の人口2500人のうち10％の
有権者の発議が必要で、すぐに署名運動を開始して、91年10月に是非
を問う住民投票が行われることになりました。

一軒一軒まわって説得

　ドイツの保守政党であるキリスト教民主同盟（CDU）は、シェーナ
ウ市議会でも多数派を占めていました。キリスト教民主同盟（CDU）
は、市民の電力会社という突拍子もない話には徹底抗戦の構えで、既得
権益を持つ地元の有力者たちに働きかけ、住民投票でシェーナウ送電線
買取会社が負けるように、豊富
な資金で妨害ビラを大量にまく
など積極的に動き始めました。

　ウルスラさんやザビーネさん
たちは、キリスト教民主同盟

各家庭に配られた「Ja（イエス）」クッキー
写真提供©EWS社

（CDU）に対抗して、絶対に住民投票に勝ちたいとの思いを、自分たちにふさわしいやり方をつらぬこうとイベントを企画して、毎日大量のハート形のクッキーを焼き続けました。クッキーの表面には"イエス"とお菓子で書かれていました。住民投票はイエスです、と人々に印象付けながら、丁寧に一軒一軒の家を回って、市民の電力会社の意義を説いていったのです。

　しばらく保養の活動をメインにしていたザビーネさんたちも、家々を回って話をしていきました。

　「この住民投票の活動をしていた頃が一番辛かったです。訪ねた家の中には原発事故など何事もなかったかのように話す人たちもいて失望しました。放射能は見えないし匂いもしませんから、気にしない人にはその怖さはわからないのです。

　反対する人もたくさんいました。とくにキリスト教民主同盟（CDU）は送電線の買い取り案に反対でした。その支持者からは素人が送電線を買い取るなんて無理だと言われ続けました。住民投票の活動をしていると知っただけで、変人のような扱いをされたことも一度や二度ではなかったの。私は当時23、24歳で若かったし、本当に苦しかったです」とザビーネさん。

　ウルスラさんも「問題が非常に政治化していました。原発がどうかの話だけでなく、問題がもっと個人の政治的信条などに直結していましたから、住民を説得するのは大変でした。一軒一軒回ってブザーを押し、自分たちが送電線を買いたいと熱心に話しても、何も聞きたがらない人も大勢いましたし、買い取りに賛成か反対かを巡って、家族で意見が割れたところもあったようです。本当に大変でした」

キャンペーンのために街頭でイベントをするウルスラ・スラデクさん　写真提供 ©EWS社

　実は、この住民投票は最終的に、２回行われることになりました。

　最初の結果は、得票率44％対55％で、シェーナウ送電線買取会社が勝利を収めます。勝てるかどうか分からなかったウルスラさんたちですが、この結果はウルスラさんたちの活動の方針が間違っていなかったことを確信して、非常に喜びました。しかし逆に、キリスト教民主同盟（CDU）や、ラインフェルデン電力会社（KWR社）の関係者など、市民の電力会社を苦々しく思っている勢力には強い不満がたまることになりました。

　１回目の住民投票の後、ウルスラさんやシェーナウ送電線買取会社が、電力の供給を始めるべく努力を続けていた頃に、２回目の住民投票が行われることになりました。それは最初の住民投票から２年後、市議会がシェーナウ送電線買取会社との電力契約を正式に決議した直後のことで

す。結論に対して、反対派の人々から今度は２回目の住民投票の要請が突きつけられました。１回目とは全く真逆の立場で、"親の会"とシェーナウ送電線買取会社は、住民投票を戦うことになります。

　今度は、"イエス"ではなく"ノー"と書いたクッキーやジャムを持って、お宅訪問をすることになりました。市民を分断する住民投票が２回も行われたことで、反対派も賛成派もすべての人が消耗し、ウルスラさんたちも"親の会"のメンバーも疲れ切ってしまいました。総力戦で互いの陣営が運動を繰り広げた結果、２回目の住民投票の投票率は84％という非常に高いものになりました。

　そして最終的な結果は、シェーナウ送電線買取会社が52％、ラインフェルデン電力会社（KWR社）が48％。その差、わずか70票という僅差で、シェーナウ送電線買取会社は勝つことができました。

シェーナウ市で起きていることが人々を動かし始めた

　市民の心をぎりぎりで惹きよせることができた背景には、これまで"親の会"がしてきた地道な活動がありました。チェルノブイリの子どもたちの保養を通じて、原発事故のもたらす災禍が町の人々にもはっきりと印象付けられていたこと。そして、省エネキャンペーンに絡んで、たくさんの勉強会や専門家の講演会などもかなり積極的に行っていたために、軽い気持ちで電線の買い取りを言っているわけではないことが、人々に徐々に浸透していたのです。

　ウルスラさんの子どもたちも、両親がどんな活動をしているのか少しずつ理解するようになっていました。子どもたちの学校でも、住民投票のたびに、授業を通じて熱狂的な議論が行われました。賛成する子ども

苦楽をともにしたシェーナウのメンバーたち　写真提供 ©EWS社

もいれば反対する子どももいました。

　住民投票の夜「勝ったんだね？」と聞いてきたのは一番下の息子でした。「勝ったよ！」と言ってウルスラさんは息子たちを抱きしめました。最初は、子どもたちを放射能から守るために始めた運動だったのに、日常があまりにも忙しくなってしまい、逆に子どもたちにはさみしい思いをさせることも多くなりました。でも、どんなイベントや集会の後も、息子たちはウルスラさんたちの話を聞き、自分たちも活動に参加しているかのような気持ちでいてくれることが唯一の光でした。

　シェーナウ送電線買取会社が２回目の住民投票で再び勝ったというニュースは、全国紙の新聞やテレビ、ラジオにも取り上げられるようにな

っていました。ドイツ南西部の小さな町で起きている勇気ある挑戦は、ドイツ全土の人々が関心を寄せる事象となっていたのです。

立ちはだかった最後の壁

93年、第三者機関によるアセスメントを経て、市内100カ所以上の小型の発電計画や、その採算性などが認められ、シェーナウ送電線買取会社の事業の実現化は、着々と進もうとしていました。電気の素人だった母たちは、電力会社の元社員など専門家の力も得て、実際に送電に向けて走り出そうとしていました。

しかし、ここで最大の障害が立ちはだかります。それは、送電線の買い取り価格でした。ラインフェルデン電力会社（KWR社）は、送電線の売買代金を870万マルク（およそ５億6000万円）と提示してきました。これは他の専門会社が試算した送電線の額の倍以上でした。

そもそもこの送電線自体は、もともとシェーナウ市が持っていたものを、1974年にラインフェルデン電力会社（KWR社）が買ったもので、1974年当時に市が持っていた他の発電関係の機材をすべて合わせて、たった60万マルク（およそ3600万円）で市から購入したものでした。それから20年の歳月を経て物価が変わっているとはいえ、あまりの高値に驚愕しました。

チェルノブイリ事故から約７年。ノンストップで頑張りつづけてきた"親の会"は、送電線の価格を巡って大きな壁にぶつかることになりました。当初は、放射能という同じ悩みを分かち合う母たち、父たちの仲間でしたが、電力会社の活動が大きくなる中で、活動についていくのが

シェーナウの郊外にある送電線

むずかしいと距離をおきはじめる者も少なくありませんでした。保養に熱心だったザビーネさんや、省エネキャンペーンを主導したツックシュベアト夫妻もそのひとりでした。

　ウルスラさんたちは、社会の期待に応えるためにしてもふんばりたいと思っていましたが、2度の住民投票という過酷な闘いをさらに上回る、5億円という法外な金額を前にして、さすがのウルスラさんたちも、どうしていいのか途方にくれてしまいました。

第3章

救世主となった父たち　自分の仕事で社会を変える

途方にくれるシェーナウの母たちの前に、いくつかの電話がかかってきました。

　最初に連絡をくれたのは、ハンブルグの企業家ミハイェル・ザーフェルトさん。豊富な個人資金を投入して、シェーナウの事業を支援する、その代わりに利子10％を見込んでの投資という話でした。ウルスラさんたちは彼に会うためにハンブルグに訪ね、話を聞きました。

　喉から手が出るほど資金を必要としていたウルスラさんたちでしたが、大金持ちの投資家の資金で、シェーナウの電力事業をやることが正しいことなのかどうか？　ウルスラさんたちにはどうしても疑問が残り、何度も話し合いました。

　“親の会”を母体に、母たち父たちの手で作り上げてきた運動。みんなの力を合わせて住民投票を２度も勝ち抜いてやっと手にしたチャンスを、普通の大企業家の力で成し遂げるのは、どうしても納得できませんでした。どんなにお金が欲しくても、自分たちの志をまげるのは嫌でした。ひとりの大金もちに頼ってしまったら、原発に依存している今の電力会社と同じ間違いを犯す気がしたからです。

　結局、この好条件の申し出を断り、自分たちの趣旨にあった資金集めを模索することに決めて、小口の募金のような資金を広く薄く呼びかけることにしました。でも、５億円は果てしない金額で、お金をどれだけ集めれば達成できるのか見当もつかない状況でした。

　そこに風車発電をしている知人から、電話がかかってきました。

　「僕が付き合いのある銀行の担当者に、シェーナウ市の話をしたんだ。きっと、彼なら興味を持ってくれるし、その銀行なら何かいいアイデアを出してくれるかもしれないから、今度一緒に担当者を連れてシェーナ

ウに行ってもいいかい？」

　銀行という響きに、ウルスラさんたちは特に期待はしていませんでした。利子目当ての銀行から５億円もの資金を借りても返せるはずもないし、知り合いの紹介なので、とりあえず何の期待もなく、銀行の担当者と会うことにしただけでした。

　1993年の10月のことでした。

熱い心をもった銀行員

　知人が連れてきたのは、GLS銀行のトーマス・ヨーベルグさん（1957年生）という担当者でした。30代後半の鋭い目をした銀行員に、田舎町の母たちは少し緊張しながら事業について話し始めました。真剣な眼差しで、ウルスラさんたちの話を聞いていたトーマスさんは、すべての話が終わったところで、大きくうなずきこう言いました。

　「とても素晴らしい事業です。うちの銀行でご支援できることがあると思います。どうか、私を信じて少しだけ時間をください」

　シェーナウでウルスラさん夫妻に会った後、トーマスさんは大きな使命感に燃えて本社に帰りました。ドイツの宝である黒い森で起きようとしている奇跡の灯火を消してはならない、そう強く思っていました。多くの市民が参加して起こした事業で、なおかつ政治的な要素も含んでいる。銀行としての支援は、単純なことではなく、どう投資すべきかを早急に会議にかけました。

　トーマスさんは、自分が面談したウルスラさんたち"親の会"には熱心な活動実績、例えばチェルノブイリからの子どもを受け入れる経験があること。特に、電力事業の中心になったウルスラさんとミヒャエルさ

んの夫妻が、もともとは教師と医師で、電力とは無縁だったのに、法制度や技術的な枠組みまで、専門的なことをきちんと理解し、送電線に関しても技術的なことまで踏み込んでいて、非常に信頼出来るということを銀行の社内で説得して回りました。

　シェーナウ市の電力事業はマスコミにも取り上げられ、市民の電力改革の象徴になり始めていました。彼らが奇跡を成し遂げるのに、足りないのはあとお金だけ。正しい事業をしたいと思っている人々にどう資金を用意するか。あとはGLS銀行が頑張る番だと問いかけました。

　GLS銀行は、ドイツ中部ボーフム市に本社を置く組合式の銀行で、日本で例えるなら信用金庫や信用組合に近い金融機関です。個人や法人の出資で成り立っていて、福祉や環境問題など、社会の課題を解決する事業にも資金を提供していました。

　トーマスさんは、ウルスラさんたちが大資本家の申し出を断って、小口でも全国に呼びかけて送電線を買うお金を集めようとしていたことに目をつけました。以前、トーマスさんには風力発電事業に資金を募る、エネルギーファンドという小口の金融商品を作った経験が数回ありました。その経験を生かして似たような商品を、もっと大きな規模でシェーナウに転用することを提案しました。

　そうして生まれたのが、「シェーナウ・エネルギー・ファンド」です。GLS銀行の顧客がシェーナウ市で送電線を買うプロジェクトに投資できるファンドで、ウルスラさんたちと出会ったわずか2カ月後の93年12月に発売になりました。

　一口5000マルク（当時のレートおよそ約30万円）で投資期間15年。もうけが出れば配当金が分配されるという意味では、普通の金融商品の

側面を持っていましたが、同時にシェーナウ市の奇跡を支えたいと考える人が、事業に参加できるという意味合いも強く持っていました。

　ウルスラさんたちは、このGLS銀行の商品を理想的だと考えて、商品に賛同しました。たくさんの人の思いを集めて電力事業をしたいというウルスラさんたちの趣旨と合致していたからです。

　シェーナウ・エネルギー・ファンドはすぐに人々の関心を呼び、わずか2カ月で240万マルク（当時のレートで1億4000万円）を集める大ヒット商品になりました。この資金を資本金にしてウルスラさんたちは、電力事業を推し進めることにし、配当が出た場合には出資者に回すことにしました。この他にも6500人が直接に出資してくれたことで、170万マルク（1億円）を集め、ウルスラさんたちの手元には合計420万マルク（2億5000万円）が集まりました。

　シェーナウのウルスラさんたちのことを信じ、トーマスさんが生んだ金融商品は、シェーナウの奇跡を本当に成し遂げる大きな原動力になりましたし、母たちの電力革命に実に多くのドイツ国民が関心を持っていることを証明することにもなりました。

　つい2カ月前まで途方に暮れていたウルスラさんたちでしたが、わずかな期間で多くの人々から資金が集まったことで、電力事業の実現が不可能なことではないと前向きな気持ちが蘇ってきました。

「シェーナウ・エネルギー・ファンド」成功の秘密： トーマスさんに聞く

　私は、このときのGLS銀行担当者だったトーマスさんにどうしても直接会って話を聞きたいと、ボーフム市のGLS銀行本社を訪ねました。

GLS銀行の本社。
右側のバナーに
珠玉の言葉が飾られている。

銀行の屋上は
太陽光パネルで
いっぱいだった

日本で銀行が、シェーナウのような市民事業に本格的に支援するケースにほとんど出会ったことがなかった私は、なぜGLS銀行に事業ができたのか、そのことを知りたいと思いました。

　訪ねてみるとGLS銀行の本社の屋根には、たくさんの太陽光発電のパネルが据えつけられ、さらに社屋の正面の壁には大きな垂れ幕が下がっていました。

　そこには古今東西の著名人のお金についての言葉が書かれていました。この銀行が非常に高い志で融資を行っていることを象徴する言葉ばかりでした。

Geld mag die Schale fur vieles sein, aber nicht der Kern.

（お金は多くのことを可能にする皮であるが、種ではない。）

Hendrik Johan Ibsen（ヘンリック・イプセン）ノルウェー、劇作家

Ein Geschaft, das nichts als Geld verdient, ist ein schlechtes Geschaft.

（金しか生まないビジネスは、粗悪なビジネスである）

Henry Ford（ヘンリー・フォード）アメリカ、起業家

Wer nur um Gewinn kampft, erntet nichts, wofur es sich lohnt zu leben.

（利益のためだけに闘うものは、生きる価値は得られない）

Antoine de Saint-Exupery（サン・テグジュペリ）フランス、作家

Reich wird man erst durch Dinge, die man nicht begehrt.

（人は、欲しがらなくなることで、豊かになる）

Mahatma Gandhi （マハトマ・ガンジー）インド、社会運動家

Geld gleicht dem Seewasser. Je mehr davon getrunken wird, desto durstiger wird man.

（富は海水に似ている。飲めば飲むほどのどが渇く）

Arthur Schopenhauer（アルトゥル・ショーペンハウアー）
ドイツ、哲学者

Reich wird man erst durch Dinge, die man nicht begehrt.
Mahatma Gandhi

『人は、欲しがらなくなることで、豊かになる』（マハトマ・ガンジー）

トーマスさんはシェーナウのファンドの成功を皮切りに、次々と社会的に意味のある金融商品を生み出したことが評価され、副頭取に出世していました。

海南：シェーナウのファンドはなぜ短期間に成功を収めたのでしょうか？
トーマス：市場にはいつもお金があふれています。銀行には多くの預金があります。だから、人々が共感できて、環境的に意味のある金融商品を提供し、それが社会のニーズと合致した時、成功につながります。もちろん多少のリスクはあります。でも、あの時、シェーナウの動向は非常に関心を集めていましたから、タイミングが良かったのも大きいです。

海南：銀行がシェーナウのような事業に取り組んだのはなぜですか？
トーマス：86年のチェルノブイリ原発事故の後、私たちも不安になりました。そこから、銀行に何ができるのか問いかけ、88年に初めて風力発電に投資しました。それまでも社会的な事業として福祉事業などは多く扱っていたのですが、再生可能エネルギーのためのファンドに力を入れることになりました。
　当初は風力発電中心の商品でしたが、シェーナウ市民の送電線事業に転用すれば、原発から自然エネルギーへのエネルギーシフトを導く面白い企画になるのではと思いました。すでに全国でシェーナウ市に賛同する声がありましたし、銀行の商品として成功する可能性も高いと見込んで発売しました。

海南：銀行の商品としての成功とは具体的にどのような意味ですか？
トーマス：ファンドに投資をした人には、当時6〜7％の直接利回りが

配当されました。それから弊社も手数料で大きな利益がありました。シェーナウの市民も、投資した人も、銀行もwin-winだったのです。弊社の銀行事業の収支にプラスになっただけではなく、他行が環境的な金融商品を扱うきっかけとしても意味がありました。ドイツでは現在、再生可能エネルギーは非常に優良な投資対象でして、銀行だけでなく、保険会社や年金組合、個人投資家が本当に大勢います。

海南：投資をした人たちは、どんな気持ちだったと思いますか？

トーマス：原発事故が起こった際の影響を心配していた人たちが多かったでしょう。もちろん、自分たちのお金を何かに役立てたいと願う人たちもいました。今日、ドイツでは再生可能エネルギーは全体の25％を占めていますが、その発展は、大手電力会社でも電力の専門家の力でもなく、「今変えなければならない」と声をあげた市民がいたからです。原発反対のデモだけでは足りない、あらゆる手段で自分たち自身が何かをしなければと……。

銀行員の
トーマス・ヨーベルグさん

　実は、トーマスさんは今もシェーナウの電力会社の役員を務めています。銀行家として自分にできる最大限の貢献を続けています。そこにはトーマスさんの個人的な思いがありました。

　「チェルノブイリ事故が起こった86年、妻のお腹には娘がいました。事故は人生を変えるほどの体験でした。当時はソ連が情報を開示しくれなかったので、私たち夫婦は事故の日も、そうとは知らずにふたりで散歩に出かけていて、突然雨がたくさん降り、ずぶ濡れになりながら家に帰りました。あとから事故がいかに大きくて、ドイツにも少なからぬ影響があったことを知り、お腹の子どもが放射能を浴びたのではないかと本当に不安でした。子どもが生まれる前の本当にショックな出来事でした。

　当時、多くの人がそうだったように、不安に襲われ何かしなければならないと思い始めました。デモにも行きましたが、自分の仕事で社会を変えていけることができないか？　真剣に考え始めました。シェーナウに出会った時、銀行家としての自分の仕事の本当の意味、価値を見出した気がして、その気持ちはいまも忘れることはできません。

　チェルノブイリは遠く離れていますが、実際はとても近くに感じました。父親として、銀行に勤めるものとして、この仕事に携わるものとして、どうこの問題に向き合うか、『私』と『仕事』を切り分けて考えられるものではありません。父として持っている価値を、仕事にも、投資

にも持っていたいのです。

　チェルノブイリは、そういう意味ですべての始まりでした」

　トーマスさんの話を聞きながら、私は柄にもなく涙が止まらなくなってしまいました。20年以上この仕事をしていますが、取材者としてどんな厳しい境遇の方にインタビューする時も、涙を流したことはありません。それは取材者として守らなければならない一線だと私は考えています。

　でも、雨の中を歩いて帰った妊娠中のトーマスさんの奥さんが、チェルノブイリ事故を知ったあと、どんな気持ちになったのか、夫であるトーマスさんがどんな気持ちになったのか、それは、私自身が東京電力福島第一原発のあとに経験したことと、どうしてもダブってしまって、あふれる涙を止めることができなくなってしまいました。

　現在、GLS銀行は世界25の銀行と連盟を組んで"Bank of Warriors"（戦う銀行）という組織にも参加しています。お金に使われるのではなく、お金で社会にどう貢献できるか、その行動が人々の改革を生むんだ、というトーマスさんの言葉にとても感動して銀行をあとにしました。

　そして、父として、自分のしている仕事で原発をなくすために何ができるか？　を考えた、という言葉が強く印象に残りました。母として、立ち上がったシェーナウのザビーネさんやウルスラさんと、父として金融商品を立ち上げたトーマスさん。親として子どもを思う気持ちがドイツの奇跡を作り上げたことが、すっと自分の中に入ってきて腑に落ちた瞬間でした。

　話をシェーナウの母たちに戻しましょう。

　GLS銀行の力強いサポートを受けておよそ２億5000万円の資金を得たウルスラさんたちは、1994年１月、シェーナウ送電線買取会社を「シェーナウ電力会社（EWS社）」と改めて、正式な会社組織として立ち上げました。２回の住民投票にも勝利し、正式に電力事業を始めたいところでした。しかし、まだラインフェルデン電力会社（KWR社）が提示した、電線買い取り代金５億5000万円の半分しか資金はありませんでした。

　そもそも高額な値段をふっかけているのだから、裁判に訴える方法もありましたが、それでは時間がかかります。

　ラインフェルデン電力会社（KWR社）とは後で裁判をして、価格を下げさせることはやりましょう。でも、その間のつなぎとして、寄付を募って、先に送電線を買って、裁判に勝ったら寄付を返そう。シェーナウ電力会社（EWS社）と“親の会”は全国の市民グループに呼びかけてさらなる寄付を募るしか道はないと思いました。でも、それって、本当に可能なのかしら？　３億円もの資金が集められるのかしら？　ウルスラさんたちは、それでも絶対に勝たなければと、思いつめていました。

　GLS銀行のトーマスさんは、手がけたファンドを成功させるためにも、シェーナウの電線の買い取り額の不足分をどのように集めるか、知恵を絞っていました。寄付を集めるという方針にあまり乗り気ではなかったトーマスさんでしたが、やがて思いついたのは、まもなく迎えるチェルノブイリ10周年を記念して、GLS銀行の設立した財団と、ウルス

ラさんたちの共同キャンペーンで、大規模な宣伝を打ち、ドイツ全土の隅々から寄付を募るというアイデアでした。でも、宣伝費をどうやって？　と、疑問に思ったウルスラさんたちの前でトーマスさんは思いがけない提案をします。

「今から言うことはかなり特殊な話です。広告会社を公募して大規模な宣伝を手がけましょう。ただし、値段はただでやってもらうのです」

無料で広告キャンペーン？！

GLS銀行のトーマスさんは、ウルスラさんたちに、全国の広告代理店に丁寧な手紙を書くことを指示しました。ウルスラさんたちも半信半疑、だって、ただで広告代理店がキャンペーンをしてくれるなどということが実現するとは思えなかったからです。でも、できることは何でもしなければ、この10年の戦いが無駄になると思ったウルスラさんたちは、全国50社の広告代理店に手紙を書きました。

シェーナウの電力会社が置かれている実情、チェルノブイリ事故の直後からの母としての思い、ふっかけられている金額の重み、短期間でファンドが成功したこと、シェーナウがいかに社会の注目を集めているかについて、とうとうと綴りました。

誰からも回答が来なくても当たり前だと思っていたウルスラさんたちの元に、15社から反響があり、そのうち6社は原発関係の広告の仕事をしていないことがわかり、最終的に3社でコンペが行われることになりました。ウルスラさんたちにとっては信じられないことでしたが、事実、これほど多くの会社が協力を申し出てくれたのです。

ウルスラさんたちの
呼びかけは
ドイツ各地で
話題をよんだ

　当時、フランクフルトの広告代理店で働いていたトーマス・ヘーンシ
ャイドさん（1961年生）は、数人の同僚と一緒に上司に呼び出されま
した。

　「こんな手紙が来たんだ。ただでやってほしいと書かれていて普通な
ら断るところなんだけど、新聞で目にしたことがある面白い活動をして
いるおばさんたちの話でさ、ちょっと読んでほしい。こういう社会的に
意義のある広告を受けることで、もしかしたらうちの会社のイメージア
ップにも繋がるし、会社としては、もし、君らのうちの誰かがやってみ
たいと思うなら、コンペに参加したいと思うんだけど、どうかね？」

　トーマス・ヘーンシャイドさんは、それまでシェーナウのことは知り
ませんでした。でも、お母さんたちから便箋にびっしりかかれた手紙を
見て、なぜか懐かしい気持ちになりました。そして、ちょっとだけ面白
いと感じたトーマス・ヘーンシャイドさんは、社内のチームでシェーナ
ウのコンペに参加することを決めました。

　それから、連日、どんなキャンペーンがふさわしいのか、ミーティン

グが続きました。

「あんまり運動っぽい真面目すぎるものはダメだよね」

「でも、かといってあまり砕けすぎていても真意が伝わらないしなー」

連日話し合った結果、最終的に出てきたアイデアは、シンプルで、でも、人々の心を動かすものになりました。

ドイツ全土を巻き込むキャンペーンに

メインコピーは "私たちは厄介者です"

厄介者というドイツ語の言葉には、ダブルミーニングで原発事故という意味がある言葉を持ってきました。印象的な人物の写真を生かして、メインコピーを入れ、自分たちが原発を止める力を持っているんだということを社会に投げかける。それらのキャンペーンを新聞、テレビなどを使って展開する企画をコンペで披露しました。

結果は見事合格。トーマス・ヘーンシャイドさんはクリエイティブ・ディレクターとして、シェーナウ広告キャンペーンの責任者になりました。

"私たちは厄介者です" というメインコピーの背景になる写真には、全国の老若男女を公募しました。下は赤ん坊から70代のおじいちゃんまで。かわいい女の子もいれば、頑張って働く普通の肉体労働者の若者たちも起用しました。たとえば赤ちゃんのポスターには、「名前はハンナよ。今、9カ月。ぬいぐるみが大好きよ。私も厄介者です」といった文章をつけて、非常にシンプルかつわかりやすく、それでいて人の心をうつ作品に仕上がりました。

95年9月から96年の4月にかけておよそ7カ月間。チェルノブイ

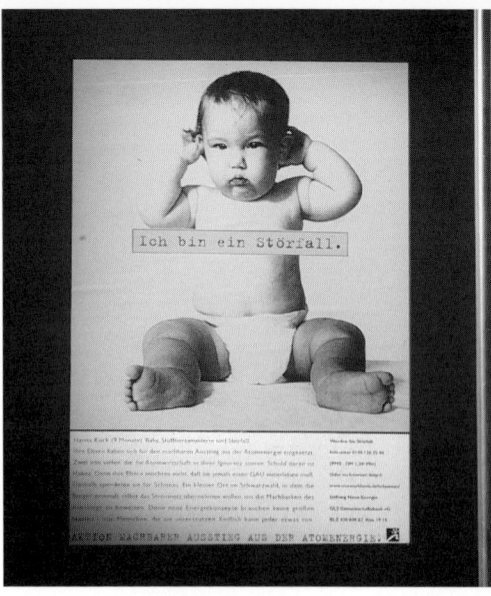

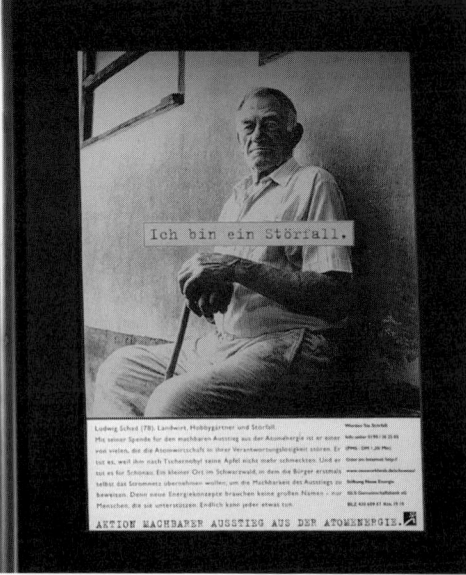

Thomas (36), Stefan (26), Marc (23) und Frank (32).Steinmetze, Weissbier-Liebhaber und Störfälle. Mit ihrer Spende für den machbaren Ausstieg aus der Atomenergie stören sie die Kreise der Atomwirtschaft. Sie tun es, weil sie Hopfen und Malz erhalten wollen. Und sie tun es für Schönau. Ein kleiner Ort im Schwarzwald, in dem die Bürger erstmals selbst das Stromnetz übernehmen wollen, um die Machbarkeit des Ausstiegs zu beweisen. Denn alles, was neue Energiekonzepte brauchen sind Menschen, die sie unterstützen. Endlich kann jeder etwas tun.

Werden Sie Störfall
Info unter 0190 / 36 25 86
(PMS - DM 1,20/ Min)
Oder im Internet: http://
www.oneworldweb.de/schoenau/
Stiftung Neue Energie
GLS Gemeinschaftsbank eG
BLZ 430 609 67 Ktn. 19 19

AKTION MACHBARER AUSSTIEG AUS DER ATOMENERGIE.

年齢、性別、
さまざまな人物が登場した
シェーナウの
"厄介者キャンペーン"
の広告
送電線買い取り費用を
集めるために
ドイツ全土で展開された

リ原発事故10周年を挟んで大都市フランクフルトやミュンヘンなどで、大々的にキャンペーンが打たれました。ドイツを代表する週刊誌や映画館、テレビが無料で広告掲載に協力してくれたことで、寄付が一気に集まり始めました。

WWF（世界自然保護基金）や、グリーンピースなどの環境団体もこぞって協力を申し出ました。

子どもから大人まで、金額も小額から高額まで、ドイツ以外の国からもたくさんの寄付が寄せられて、キャンペーンが終了する頃には、200万マルク（当時のレートでおよそ1億2000万円）が寄付として寄せられました。

ラインフェルデン電力会社（KWR社）は、この広告キャンペーンの影響で非常に多くの抗議を受け、社会的なプレッシャーにさらされることになりました。そして、その圧力に屈して、電線買い取り代金を870万マルク（5億5000万円）から650万マルク（3億9000万円）に値下げ。さらに最終的には570万マルク（3億4200万円）で売却することに合意しました。

その間も、ウルスラさんたちは電力会社の勤務経験がある社員を雇い、必要な機器を揃え、発電準備を着々と整えて、とうとう送電線を買う日がやってきました。

97年7月、シェーナウ電力会社（EWS社）から、ラインフェルデン電力会社（KWR社）に570万マルク（3億4200万円）が支払われ、晴れて送電線がウルスラさんたちのものになりました。

それはチェルノブイリ事故から11年目の夏のことでした。

クリエイティブ・ディレクターのトーマス・ヘーンシャイドさんは広告キャンペーンに関わった動機をこう語ってくれました。

　「僕の家からちょっと離れたところに原発があったから、チェルノブイリの事故の時は怖いなーと思ったよ。僕は、デモとかには行かなかったけど、個人的に怖いものはなくなったらいいなとは思っていた。だけど、正直に言えば、そんなに原発に関心があったわけじゃないんだ。

　僕がこのキャンペーンに参加した本当の理由はさ、ウルスラ社長はじめ、シェーナウで出会ったお母さんたちが、みんな優しくて自分の母を思い出したし、お母さんたちがこんなに一生懸命にやっていることに、僕の仕事が役に立つとしたら、それって広告マン冥利につきるんじゃないかって思ったんだよね。

　広告ってさ、ただクライアントの商品が売れればそれだけでいいっていうのとはちょっと違う。時代の風を切り取るっていうか、時代の最先端をクリエイティビティーで彩っている役目もあるし、人々の生活がいろんな意味で豊かになったらいいなーって普段から思っていた僕にとって、シェーナウはまさにドンピシャ！っていう案件だったんだよね。

　まさか、あんなに成功するとは、僕も会社も思っていなかったけど、僕の広告マン人生の最大のヒットになって、関われたことそれ自体が本当に光栄だと思っているよ」

　"厄介者キャンペーン"は、その年のドイツの広告賞を受賞、会社のイメージアップの効果は大きく、次々と大きな仕事が舞い込みました。トーマス・ヘーンシャイドさんもその実績を評価されて賞を受賞。その後、独立して自分の会社を立ち上げ、成功を収めています。

　飾り棚にはキャンペーンで受賞したガラスの盾が飾られていて、ウルスラさんたちと交わしたたくさんの手紙が、大切にしまってありました。

企業も賛同し始めた

　"厄介者キャンペーン"の途中で、ウルスラさんたちは他にも多くの賛同者を得ることになりました。当時、最もインパクトを与えた賛同者は、ドイツ2位の売り上げを誇るチョコレート会社のアルフレッド・リッター社の社長でした。創業100年を超えるこの会社は、全国のスーパーマーケットから空港、コンビニに至るまで、ドイツのありとあらゆるところで売られている国民的なチョコレート"リッター・スポーツチョコ"を製造販売している会社で、ドイツ国内のシェアは17%。日本をはじめ世界90カ国で販売しています。

　100種類を超えるフレイバー（風味）を持ち、正方形の大きめのデザインのチョコレートは、スポーツ観戦の時に、胸ポケットに入れて食べられるチョコレートということで、子どもだけでなくスポーツ観戦が好きなお父さんにも大人気。ドイツで"リッター・スポーツチョコ"を知らない人はいないという企業です。

　ドイツを代表するこの会社の社長アルフレッド・テオドア・リッターさん（1953年生）が、シェーナウ電力会社（EWS社）に共感して、20万マルク（およそ1200万円）を寄付してくれたのです。

　もともとチョコレート会社の3代目として生まれたアルフレッド社長ですが、当初はチョコレート会社を継がずに、父親が1974年に亡くなった後も、カウンセラーの仕事を続けていました。そのかたわらで実家の会社の経営にパートタイムで関与するだけの立場でした。

　しかし、86年のチェルノブイリ事故がすべてを変えました。トルコのプランテーションで栽培していたヘーゼルナッツが、すべて放射性物

ドイツでは知らない人のいないリッター・スポーツチョコレート

質に汚染されて使えなくなり、大打撃を受けたのです。この時、原発事故が会社の経営にこんな影響が出たことにショックを受けて、カウンセラーの仕事をやめ、チョコレート会社をきちんと継続させるためにも、安全な原材料の調達や緊急時のエネルギー源の確保など、独自の視点でチョコレート会社の経営にのめり込んでいきました。

　チョコレートは子どもが口にする機会が多い食品で、少しの環境の変化が大きな災禍を巻き起こすことを実感したので、原材料をオーガニックのものに切り替えたり、カカオの生産地との関係を見直したりと急ピッチで改革を進めていきました。もちろん、アルフレッド社長にも子どもがいたので、より良い未来のために自分の会社でできることをめざして取り組み始めました。

　原発以外のエネルギー源を自分たちで調達することの大切さを、チェルノブイリ事故で実感したこともあり、「パラディグマエネルギー環境研究所」という組織を立ち上げて、ソーラーエネルギーや、コジェネ

レーションのシステムを開発、工場で普及することに努め始めました。

　シェーナウのことを知ったのは"厄介者キャンペーン"の頃で、原発を使う電力会社とたたかう姿勢に共感して、個人的に大口の寄付をしてくれたのです。アルフレッド社長の協力は寄付だけに留まりませんでした。

　シェーナウ電力会社（EWS社）が発電を開始し、最初はわずか1700世帯という町の中だけの電力供給でしたが、その２年後、1999年にドイツでも電力自由化がなされた後、他の地域でもシェーナウ電力会社（EWS社）から電力を買える状況になった時、真っ先にアルフレッド社長が契約を検討してくれました。そして、シェーナウ市外からの初めての大口顧客となってくれたのです。

　ドイツの人の誰もが口にする"リッター・スポーツチョコ"は100％のオーガニックと、100％の自然エネルギーでできています。それは、いま、ドイツの誰もが知る事実となっています。

国を動かした母たちの思い

　97年に発電を開始したシェーナウ電力会社（EWS社）は当初の約束通り、基本料金を値下げし、省エネすればするほどお得になる料金体系を提示。再生可能エネルギーの普及のために、太陽光発電やコジェネレーションの発電を高値で買い取ることを始めました。

　これによって、市内のあちこちに太陽光パネルが上がり、食堂や個人の自宅でも、地下のスペースなどに、コジェネレーションの設備を置くことが普通になりました。一番有名な太陽光パネルはプロテスタントの教会です。屋根全体がすべてパネルでおおわれていて、光り輝くその光

プロテスタント教会の屋根でも自然エネルギー発電

景には、当初はいろいろな反対論もありましたが、実際に売電できることで、収益が出たために、新しいパイプオルガンに買い換えることができました。

　２度の住民投票を経て、地域の分断、対立も経験したシェーナウでしたが、電気料金が下がったこと、安定して電気が使えていることで、当初反対していた人も意見を変えて、今はシェーナウ電力会社（EWS社）やウルスラさんたちの活動に敬意を表するようになりました。

　大学で都会に出た若者も、シェーナウ電力会社（EWS社）で働きたいと戻ってくる者が多くなりました。

　始めた当初は、叶わぬ夢と思われていた市民の電力事業ですが、1999年にドイツ全土で電力自由化が始まって、人々が自由に電力会社を選べるようになりました。

市内には人口2500人しかいないのに、シェーナウ電力会社（EWS社）の顧客は15万世帯を抱えています。特に、2011年の福島の原発事故のあとは、以前にも増して注目が集まり、新規顧客は10倍近くに伸びました。ドイツの奇跡を牽引した町として国際的に知られ、ドイツ内外の環境賞を受賞しています。

　今は高値で電線を買わなくても電力会社を立ち上げることができるようになったので、シェーナウ電力会社（EWS社）のような自然エネルギーをメインにした電力会社も増えています。

　ちなみに、ラインフェルデン電力会社（KWR社）は、その後、裁判によって高く設定しすぎた送電線の買収代金の返還命令を受け、220万マルク（1億3000万円）を利子付きでシェーナウ電力会社（EWS社）に支払いました。その後、電力自由化のあおりを受けて買収され、現在は自然エネルギーの電力会社として生まれ変わっています。

　20年の歳月は、ドイツの電力事情を何もかも変えてしまったのです。でもそれらは、何もしないでは生まれませんでした。

　母たち一人ひとりが、自分の子どもを守りたいと立ち上がったことが出発点で、たくさんの父たちがそれを後押しし、社会を変えるために一歩一歩進んできた、その奇跡の象徴がシェーナウ市なのです。

ドイツで再生可能エネルギーが進んだ背景

　ドイツで再生可能エネルギーが普及した背景には、どのような歴史
的な変遷があったのでしょうか。

　歴史を少しさかのぼりますが、1880年頃、ドイツ全土にはおよそ
２万基の風車がありました。これらは、主に粉をひく製粉機を動かす
役目を果たしていました。ドイツ北部の沿岸部は風が強く吹くために、
多くの風車がエネルギーを供給していました。

　1920年代から順次、電動の製粉機が導入され、第二次世界大戦直
前には、風車の数は4500基程度までに減っていました。そして、第
一次、第二次世界大戦の間に、石炭による電力供給が本格化し、風車
はその役目を終えました。

　戦後、しばらくの間は石油を主なエネルギーとする体制が続きま
す。さらに1957年、研究用の原子力発電がミュンヘン郊外で建設さ
れます。初の商業用原子力発電所は1962年にマイン川沿岸の小さな
村、カールに完成しています。当時、ドイツ経済は急成長を遂げてい
て、原子力発電は大いに歓迎され、第二の産業革命を育むとまで言わ
れました。1960年代末までに西ドイツで運転を開始した原子力発電
所は６カ所に及びました。

　1973年のオイルショックは、結果として原発建設に一層の拍車を
掛けました。1970年代に西ドイツで運転を開始した原子力発電所は
11カ所。1980年代には新たに13カ所で発電が開始されています。その
すべてがオイルショック直後の、1970年代に計画されたものでした。

　一方で、放射能の危険に対する知識が国民の間に次第に広まってい

くと、原発に対する不安も徐々に出てきます。ドイツ初の反原発運動は南ドイツのライン川沿いの町、ブライザッハ（人口約6000人）で起きました。1969年、原子力発電所の建設が決まったのですが、冷却塔からの水蒸気が地元のワインに悪影響を与えるかもしれない、と農家や醸造業者らが強く反対したのです。彼らは当局に何度も異議を申し立て、その結果、この計画は1973年に放棄されました。

　1977年には、原発に反対する科学者たちが中心になって、エネルギーヴェンデ（エネルギーの革命）というコンセプトが発表されます。これは、石油も原発も使わずに経済発展を成し遂げるための節電や政策を提唱したもので、当時、環境運動をしていた人の間では大きなインパクトをもって迎えられました。

　ドイツの緑の党は1980年に結成されていますが、この、エネルギーヴェンデという考え方を党の柱に据えて、原発や火力発電から再生可能エネルギーへの転換をめざそうと決めました。ただ、当時の緑の党は、特殊な環境運動家の集まりだと思われていたので、彼らの決めた方針で国の政治が動くことはありませんでした。

原子力？
そんなのいらなくない？
と書かれたステッカー
ドイツのあちこちに
はられている

実は、ドイツのエネルギー政策の転換が進んだ背景に、偶然ですが、全く別の動きがありました。1980年代初めから半ばにかけて、ドイツ全土にあった小規模の古い水力発電を行う事業者を中心に、水力発電のエネルギーを既存の電力会社でもっと高値で、固定買い取りしてもらえないかという動きがありました。

　水力発電に関わる地元の連邦議員を巻き込んで、中規模なキャンペーンが張られていました。参加していた議員は保守的な政党の人が多く、この動きがのちに再生可能エネルギーを進める法律の成立に大きな役目を果たすことになります。

　1986年のチェルノブイリ事故により、ドイツ南部は放射性物質の影響を受け、人々は不安になりました。連邦政府は大きな対策をしなかったのですが、変化は人々の間から始まりました。

　1987年、ニーダーザクセン州が、独自に再生可能エネルギー普及のための補助事業を本格的に始めました。さらに、いくつかの州がそれに続きます。1989年、各地で市民による風力発電事業が立ち上がり始めます。

　それ以前の風車は、エネルギーの節約が主な目的の、趣味の延長のようなものばかりでしたが、この頃立ち上がった風車は、原子力発電に変わる発電を希求した人々の声から生まれたものでした。

　その流れを受けて、連邦政府が風力発電の設置費の最大6割の補助を始めました。当初の予測ではごく小規模な対策として始められましたが、この時の補助金に応募が殺到し、大変な反響があったために、連邦政府としてはその後、規模を拡大して継続することになりました。

　1989年12月、ベルリンの壁が崩壊し、長かった冷戦が終結。分断

国家として50年近くを歩んできた東ドイツと西ドイツは翌年、統一されました。この東西ドイツの統一も、間接的に再生可能エネルギーの法案を後押しすることになります。

　ドイツが統一された1990年前後、国際社会は大きな新しい動きを迎えていました。国際的に地球環境問題が大きくクローズアップされていました。これはまもなく1992年にブラジルで行われる予定の地球サミット（国連環境開発会議）に向けて、世界各国で、それまでは学問的議論の対象でしかなかった地球温暖化や、ドイツが強い影響を受けていた酸性雨、あるいは発展途上国の砂漠化など、国境を越える地球環境問題への関心が高まっていました。

　その中で、化石燃料を燃やすことによって排出される二酸化炭素が、地球温暖化に非常に悪影響を与えることも広く知られるようになり、ドイツの連邦議会でも、地球温暖化対策として、再生可能エネルギーへの対策の必要性が問われるようになっていました。

　先に書いた、1980年代からの水力発電の事業者が議員を巻き込んで求めていた電力の固定価格での買い取りですが、水力発電は地球温暖化に対しては悪影響を及ぼさないので、水力発電事業者のアイデアをひとつのベースに、他にも太陽光や風力など再生可能エネルギーの買い取りが、法案として準備されることになりました。

　また、ドイツ統一のもとで、旧東ドイツには古い水力発電があったこともあり、新しいエネルギーの買い取り法案は、旧東ドイツのサポートにもなるということもあり、新しい法律が生まれました。

　1990年10月、「再生可能エネルギーによる電力の送配電網への引き取りに関する法律」（以下、電力引き取り法）が連邦政府で可決し、

結果としてドイツのエネルギーをガラリと変えることになります。

　この"電力引き取り法"は、送配電網を保有する電力会社に、再生可能エネルギーの引き取りを義務付けし、固定での買い取り価格を定めました。価格の目安は、それ以前に電力事業者が決めていた不当に安い買い取り金額ではなく、全電力の発電コストを平均した価格に応じパーセンテージが決められました。風力と太陽光は平均価格の90％以上で買い取ること、などです。

　当時、電力業界は、旧東独の電力供給のことや、地球温暖化対策が主眼で作成された法案だったので、小規模の水力発電の電気を固定で買い取ったところで大した影響はないと考え、この法案には反対しませんでした。連邦政府の議員の間でも、地球温暖化のためになるならということで、保守党から緑の党まで幅広く賛成したのです。

　ところが、この法案の成立後、北部ドイツに急激な風車ブームが巻き起こりました。5年間で1577基、およそ390MW（メガワット）もの発電能力がある施設が建設されました。そのほとんどが、農民の手によるものです。

　第1章で紹介した、のちにjuwi社の社長となる若者が、新聞記事を読んで風車を建設したのは、この法案の成立後でした。

　そもそも水力発電を少量買うだけのつもりだった電力業界は、風力発電の爆発的な伸びに猛反発を起こし、1993年から再生可能エネルギーへのネガティブキャンペーンが始まります。さらに、エネルギーの固定買い取りは、憲法違反だとの論調を展開し、結局裁判にまで持ち込まれることになりました。

　しかし、連邦裁判所の判断は、電力業界の意思に反して合憲の判決

が出て、固定買い取り制度は維持されることになりました。

　それでも電力業界は政府への働きかけを続け、1998年4月には、電力引き取り法が改正（改悪？）されることになりました。再生可能エネルギーの買い取り量が全体の5％までという制限が可能になり、これにより再生可能エネルギーの普及にはふたがされたかに見えました。

　しかし、この年の10月に社会民主党と緑の党の連立政権が誕生し、緑の党の意向もあって、環境政策が転換し、再生可能エネルギーのさらなる普及が決まりました。

　1999年の年末までに、ドイツの80を超える自治体で、自治体独自に太陽光発電を推進するために、電気料金へ追加金額を支払うことができる制度（アーヘンモデル）が導入されました。今まで、連邦政府が決めた固定の買い取り価格だけでは採算割れになってしまっていた

再生可能エネルギーを、独自に補う仕組みが生まれました。このアーヘンモデルを一番最初に導入したのは、チェルノブイリで一番深刻な汚染を受けたドイツ南部の州でした。

　少し高いお金を払ってでも、安全でクリーンなエネルギーを使いたいという願い。連邦政府が動く前に、放射性物質の怖さに目覚めた人々が、自分の足元から制度を変えたことになります。

　こうした流れを受けて、社会民主党と緑の党の連合政権は、2000年２月"再生可能エネルギー優先のための法案"を可決。これにより、再生可能エネルギーの20年間の固定買い取りが確定し、さらにそれぞれの買い取り価格も上乗せされ、さまざまな優遇システムが導入されました。

　買い取り価格は、例えば、太陽光 8.25ct/kWh（セント／キロワット時）→ 50.62 ct/kWhのように、6倍にもなりました。

　他にも風力（陸）、バイオガス、水力、地熱、廃棄物発電、コジェネレーションなど幅広いエネルギー源が対象となりました。

　その後、たびたび法改正が行われ、それぞれの買い取り価格の上昇が行われました。（2012年以降は普及が十分広がったことに合わせて、一部、価格の引き下げも行われています。）

　この2000年の法案では、当初2010年までに自然ネルギーを2000年当時の倍にあたる12.5％にしていました。当時としては、少しハードルの高い設定でした。しかし、この目標は2010年を待たずに達成されそうだったために、2004年に目標を改定し、2020年までに20％にすることを掲げました。

2011年には20%を達成。現在では、目標はさらに引き上げられ、2020年までに35%、2040年までに65%、2050年までに80%という目標にどんどん変わってきています。

　そして消費者保護の観点から、発電の内訳（原発、火力、自然など）を明記する法律も制定され、だれがいつどこでどう発電をした電気を売っているのか、わかる状態で電気が売られています。

　ドイツ全土に電力会社は、現在900社以上あると言われています。それぞれが多様な料金を設定していて、電力会社やコースの変更により、年間数百ユーロの節約につながることもあります。福島第一原発の事故後は、経済的な理由だけでなく、安全で環境に優しい再生可能エネルギーによる電力を供給するエコ電力供給事業者にシフトしています。実際に比較すると、再生可能エネルギーが必ずしも高額というわけでもないため再生可能エネルギーの普及が進んでいます。

　エコ電力であることを証明する仕組みも生まれていて、エコ電力保証マーク（Gutesiegel）が発行されています。

　どこを選べばいいかわからない人のために、郵便番号と年間電力消費量を入力するだけで、利用可能な電力会社やコースが一覧表示される比較サイト「Verivox（www.verivox.de）」もあります。電力比較サイトでは、エコ電力の事業者のみを対象にした比較もできます。

　冒頭で紹介したカトリンさんのように、毎月の電気代の請求書の裏に発電内訳が書かれていて、自由に電力会社が選べる社会が実現するまでに、このような長い歩みがあったのです。

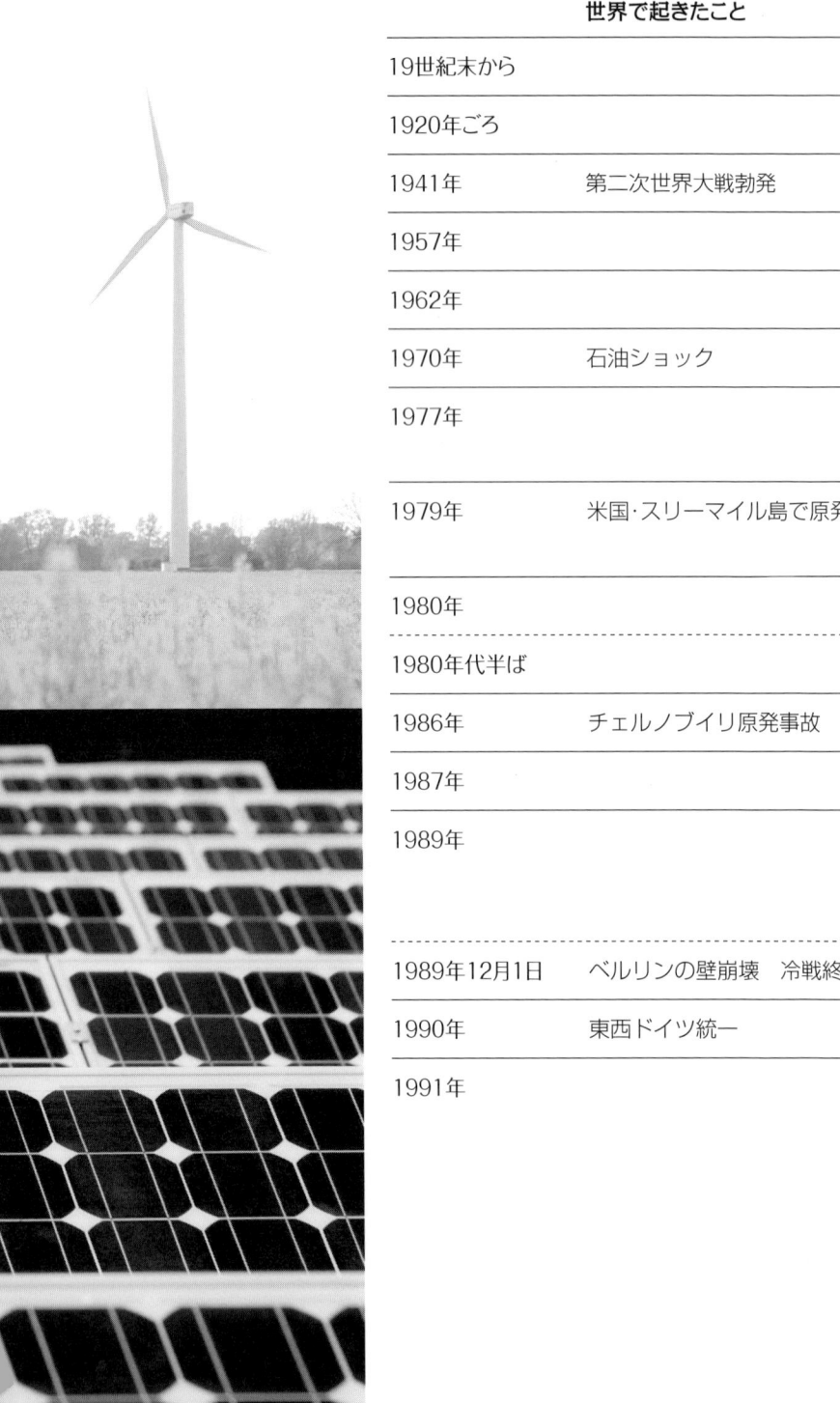

	世界で起きたこと
19世紀末から	
1920年ごろ	
1941年	第二次世界大戦勃発
1957年	
1962年	
1970年	石油ショック
1977年	
1979年	米国・スリーマイル島で原発事故
1980年	
1980年代半ば	
1986年	チェルノブイリ原発事故
1987年	
1989年	
1989年12月1日	ベルリンの壁崩壊　冷戦終結
1990年	東西ドイツ統一
1991年	

ドイツのエネルギーの軌跡

19世紀には製粉用に2万基の風車が稼働していたが、電動の製粉機が導入。

第二次世界大戦停戦直前には風車が4500基。

戦中から、石炭による電力供給が本格化。

ドイツ初の原子炉は研究用としてミュンヘン郊外のガールヒングに建設。

初の商業用原子力発電所はマイン川沿岸の小さな村カールに完成。

1970年代末から小型の風車が節電のために田舎で使われ始める。

科学者たちが運営するエコ研究所がエネルギーヴェンデ（エネルギーの革命）というコンセプトを作り広める「エネルギーヴェンデ〜石油と放射能を使わない成長と繁栄」を発表。

電気事業者連盟で、水力などのエネルギーの固定買い取りを非常に低い価格で行うことが合意される。

緑の党結成。エネルギーヴェンデ（エネルギーの革命）を党の方針にすえる。

水力発電の事業者が中心になって、電力の固定買い取り価格の上昇の運動がなされる。

ニーダーザクセン州が独自に再生可能エネルギーへの補助を開始。

市民による風力発電が各地で立ち上がり始める。
連邦政府が風力の設置費の最大6割の補助を始める。この補助金に応募が殺到。その後、規模を拡大して継続。

もともとは、水力発電の団体などの動きの後押しと、旧東ドイツの電力供給の推進のために、「再生可能エネルギーから生産した電力の公共電力への供給に関する法律」（電力供給法）が施行。

送配電網を保有する電力会社に再生可能エネルギーによる電力の引き取りを義務付けし、固定買い取り価格を定めた法律。固定買い取り価格は、風力と太陽光は全電力の平均価格の90％以上に設定。

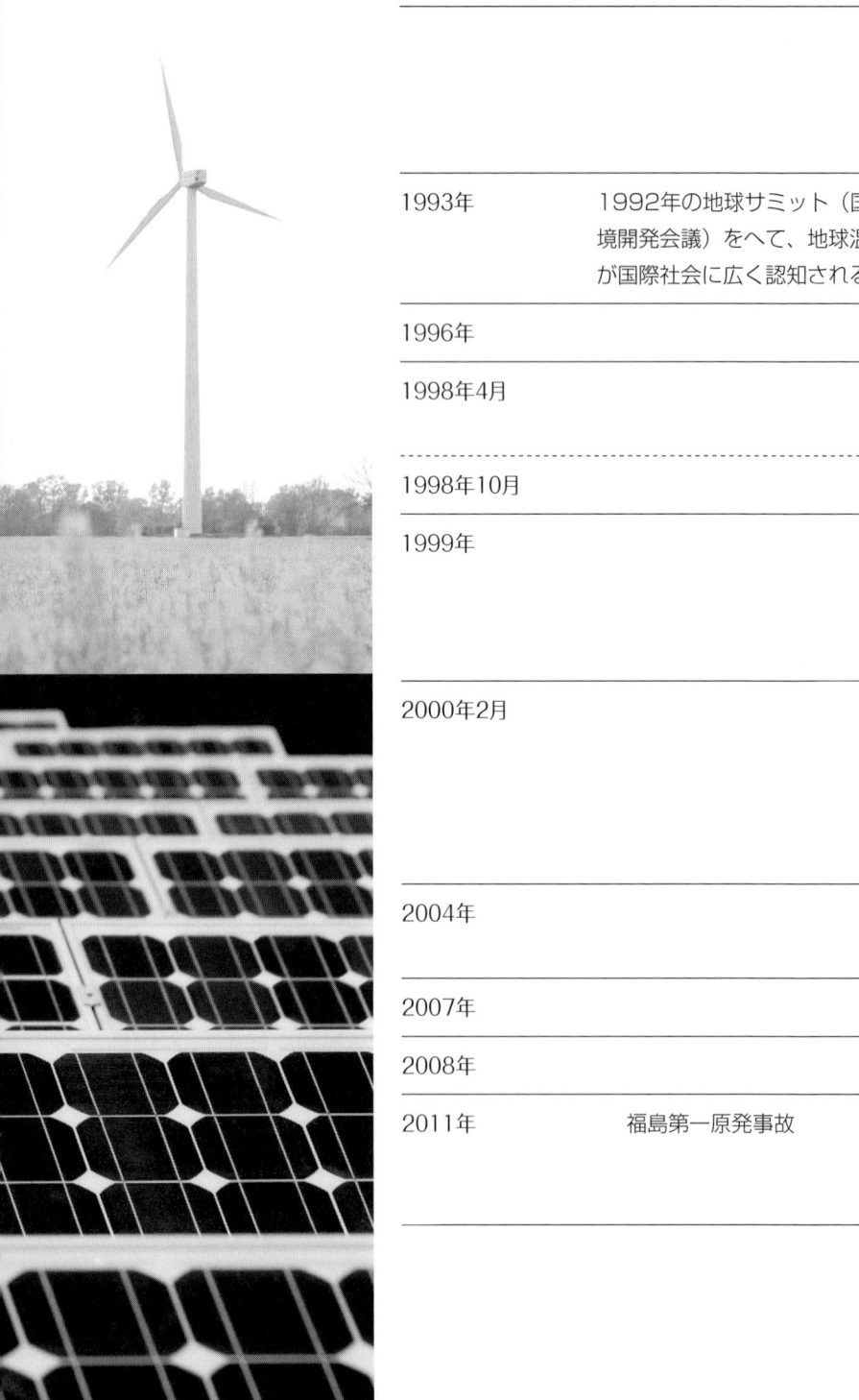

世界で起きたこと

1993年	1992年の地球サミット（国連環境開発会議）をへて、地球温暖化が国際社会に広く認知される。
1996年	
1998年4月	
1998年10月	
1999年	
2000年2月	
2004年	
2007年	
2008年	
2011年	福島第一原発事故

電力業界も、連邦政府も、旧東独の電力供給のこともあるので、水力発電の電気を固定
買い取りしても大した影響はないと考えてこの法案に賛成。ところが、思わぬことで北
部ドイツに風車ブームが巻き起こる。5年間で1577基　390MW建設、そのほとんど
が農民の手によるもの。

電力団体による　自然エネルギーへのネガティブキャンペーン。
自然エネルギーの固定買い取りは、憲法違反だと理論展開。
ネガティブキャンペーンの間に、建設途中の市民による風車が各地で潰れる。

連邦裁判所が、自然エネルギーの固定買い取りは合憲との判断をだす。

電力引き取り法が改正。
電力の買い取り量が（発電量）全体の5％までという制限が可能になる。

社会民主党と緑の党の連立政権が誕生。環境政策が転換。

年末までに80を超える自治体で独自の太陽光発電推進のために電気料金への追加シス
テムが導入される。連邦政府が決めた固定の買い取り価格が採算割れになっても、それ
を独自に補える仕組み（アーヘンモデル）が普及。
チェルノブイリで一番深刻な汚染を受けたドイツ南部のバイエルン州が最初の導入。

再生可能エネルギー優先のための法案、可決。
・20年間の固定買い取りが確定
・単価は、アーヘンモデルが参考にあがる
・太陽光発電は17pf/kWh → 99pf/kWhへ
・2010年までに自然ネルギーを倍増、12.5％に

再生可能エネルギー目標が2020年までに20％に変更。
消費者保護の観点から、発電の内訳（原発、火力、自然など）を明記する法律が制定。

当初の目標であった自然エネルギー12.5％を早めに達成。

太陽光発電が爆発的に伸びすぎたので買い取り価格小幅に下落。

再生可能エネルギー20％が達成。現在では、2020年までに35％、2040年までに
65％、2050年までに80％という目標に。
メルケル政権が原子力発電の順次廃止を決定。

第4章

自分たちで作って自分たちでもうける!
地産地消エネルギー組合

第1章から第3章で見てきたjuwi社とシェーナウ電力会社（EWS社）は、とても素晴らしかったですが、誰もが大きな自然エネルギー会社の社長になりたいか？　なれるか？　というと、実際にはそこまで考えない人の方が多いですよね。

　自分の時間をたくさん費やして、住民投票や何億円もの資金集めに費やすのはハードルが高すぎる、と感じた人々はドイツにもいました。そんな人たちが、それでも自然エネルギーの普及に何かできたらなあという思いから生まれた活動の中に、"エネルギー市民協同組合"というものがあります。

　例えば、皆さんの中には、生協の組合員になって食材を購入している人や、共済の組合員になって保険を利用している人がいると思います。"エネルギー市民協同組合"は、生協や共済保険の仕組みに近いやり方で、自然エネルギーの施設を運営していくというやり方です。

2枚の名刺とエネルギー組合への情熱

　ミヒャ・ヨーストさん（1961年生）は、チェルノブイリ事故当時、フランクフルト郊外に住む学生でした。もうすでに大人だったので、原発事故の恐ろしさを肌で感じました。大学卒業後、環境に関する仕事がしたいと、ブルスタッド市の市役所でゴミ問題や自然保護などを担当しています。

　実は、彼には2枚の名刺があります。1枚は市の職員としての名刺。もう1枚は、"シュターゲンブルグ　エネルギー協同組合"の役員としての名刺です。

　「エネルギー組合は趣味のようなものです。たくさんの市民と手を取

り、ドイツにエネルギーシフトを広めていくことに情熱を注いでいる、と言ったらかっこよすぎますか？（笑）」

　市役所の仕事場を訪ねると、優しい笑顔で迎えてくれました。

　ミヒャ・ヨーストさんは、2010年12月に、知人13人でエネルギー協同組合を立ち上げました。今では630人の組合員がいます。フクシマの事故の前に設立した組合でしたが、フクシマ事故後にその重要性に多くの人々が気づき、組合員は増加の一途をたどっています。

　"シュターゲンブルグ　エネルギー協同組合"の仕組みはこうです。市民から少額の資金を集め、太陽光パネルや風車を建てます。例えば、彼の働いている巾役所の屋根の太陽光パネルも、関わったプロジェクトの1つで、銀行融資は受けない形で、市民が企画・運営しています。

　ミヒャ・ヨーストさんが、いま関わっている別のプロジェクトには、およそ260人が出資しています。出資金額は2000ユーロ（日本円で25万円）からで、国内外のだれもが参加できます。2000ユーロのうち、

市の職員、エネルギー組合役員
２枚の名刺をもつ
ミヒャ・ヨーストさん

1800ユーロ（22万5千円）は、組合員からの組合へのいわゆる貸付金として扱われます。残りの200ユーロ（2万5千円）で、太陽光パネルや風力発電設備の共同所有者としての権利が生まれます。

　発電した電気を売電して売り上げを出していくのですが、出資の契約期間は20年。契約して4年後に元金の返還が始まります。それは、2000ユーロのうちの貸付金である1800ユーロの部分に関してで、20年後に返還完了予定です。もちろん、その20年の間に売電が予測よりも多くなれば毎年利子が入ります。

　さらにその後は、ミヒャ・ヨーストさんいわく"バラ色のエンディング"と呼んでいるそうですが、投資した発電機が20年以降も発電できている場合には、配当金を受け取ることができます。

　先ほどの市役所の屋根のパネルは規模の小さなプロジェクトですが、大きなプロジェクトでは、高速道路のそばの巨大風力発電のように500万ユーロ（およそ6億円）の規模のものもあります。銀行の融資を一部受けていますが、大半は市民の出資で成り立っています。

　規模が大きいプロジェクトの場合、通常の配当よりも収益があった場合は、個別プロジェクトへの参加の有無にかかわらず、組合員全員に配当金が配られるそうです。エネルギー市民組合は大きな家族のようなもので、同じ目的を持ったひとつの共同体だからです。

　プロジェクトの大小や、その人の懐具合によって一人ひとりの出資額は異なるのですが、組合は営利企業とは違うので、何かを決めるときに出資額が多くても少なくても発言権は変わりません。株式会社の場合には何株持っているかで株主の権限が変わりますが、あくまでもひとつの目標を達成するための家族だということがここにも表れています。

ドイツ全土にたくさんの市民の風車が建てられている

　小さな投資金額でも大きなプロジェクトに参加でき、対等に発言しな
がらエネルギーシフトに参加できる。これが組合の強みです。

900を超えるエネルギー市民協同組合

　実際に、ドイツでエネルギー市民協同組合を立ち上げるのは、難しい
ことではありません。ドイツには2013年現在で900ほどのエネルギー
組合があります。特に、現在では、juwi社のような企業がプロジェクト
開発を担ってくれるので、志さえあれば誰でもエネルギー市民協同組合
を始められます。juwi社のようなプロジェクト開発企業が、企画立案か
ら風力発電の完成までを担当し、市民組合に売却します。

これは、家を建てるのと似ていて、顧客である市民たちは家（風力発電機など）を買って運営していくのです。時にはエネルギー市民組合自体が、家を建てる過程に参加することもあります。

　シュターゲンブルグ　エネルギー協同組合では、これまでに太陽光パネルを10台設置。風力発電5機。今後はバイオガス発電施設を始める予定です。バイオガスの場合には、電力以外に熱も生成できるので、エネルギーシフトに重要な役目を果たすからです。

　ドイツ取材の始まりに、高速道路の両脇で、たくさんの太陽光パネルや風車を見た光景の意味がやっとわかりました。誰がどのようにしてこんなにたくさん建てているのか？　不思議でしたが、地元の市民協同組合が発電に向いている場所を探し、人々の資金を募る。だから、あちこちで発電が続いているのです。

　また、そこには経済的な理由も多分にあるのでしょう。普通に銀行に投資しても、いまはヨーロッパでも低金利なので、ほとんど利子は付きません。しかし、自然エネルギーの売電は、固定で買い取り額が確定しているので安定した収入が上がります。環境に良くてお金も儲かる。この仕組みが広がらないわけはありません。

　ミヒャ・ヨーストさんは組合を成功させるポイントについてこう語ってくれました。

　「juwi社のようなプロジェクト開発企業がサポートしてくれますが、大切なのは設立時のメンバーだと思います。僕らの場合、最初の13人にはそれぞれ専門がありました。ひとりは財政、私は行政、太陽光発電や風力発電の専門もいましたし、送電線にたけている人もいました。そ

ういう力がひとつになることが大切です。

　例えば、太陽光パネルはわりと単純なのですが、風力発電機は複雑で長期的に大きな収益が上がる事業です。時には、自然保護の問題でプロジェクトをストップさせないといけないケースもありますが、それによってお金の動きも止まってしまいます。だからこそ、協同組合に理解のある優良なプロジェクト開発者が必要です。

　幸い設立メンバーには、経験を積んだプロジェクト開発者がいました。だからきちんと計画が立てられて、風力プロジェクトが成功しているんですよ。

　また組合には、すぐに利益を期待する人ではなく、一緒に長く事業に取り組む人たちが必要です。何より一緒に楽しむマインドが共有できたらいいですよね。僕の本業は行政なので書類を生み出す毎日だけでは、やりたいことをすぐに実行に移せません。

　けれど協同組合は違います。プロジェクトをスピーディーに実行できるんです。例えば、市役所の屋根に太陽光パネルを付けるプロジェクトはわずか数週間でできました！　エネルギー市民協同組合は、僕らの生きがいであり、趣味であり、お小遣い稼ぎでもあるのです（笑）」

▌市民の"小さな"発電がすべてを変えた！：
▌ルパート博士に聞く

　環境と経済性が融合した協同組合のシステムが大成功した背景には、〈コラムB〉（90ページ）で説明した電力の固定買い取り制度が大きな役目を果たしています。安定して電力が売電できることが、市民の発電に非常に大きな力を与えました。

現在、ドイツ全土に900もあると言われているエネルギー市民協同組合、それらすべてうまくいっているのか？　リスクや問題は起きていないのでしょうか？

　私が次に訪ねたのは、マインツにあるラインランドファルツ州ネットワーク市民エネルギー連合組合（LaNEG）。

　2012年3月にスタートしたこの組織は、ラインランドファルツ州の20のエネルギー市民協同組合が加盟している連合体です。市民協同組合以外にも、協同組合の会計監査を行う団体と、市民エネルギー協同組合の普及のためのトレーニングを行う団体が加盟しています。

　この連合は、たくさんの組合の広報を進めるためと、運営上で契約締結などに関する複雑なやりとりを、お互いに協力し合うことが目的で立ち上げられました。

　オフィスには、所狭しと連合に参加しているエネルギー市民協同組合のパンフレットやポスターが貼られていました。

　先ほどの"シュターゲンブルグ　エネルギー協同組合"よりも、もっと少額からの出資で参加できる組合もあります。例えば、マインツにあるエネルギー組合の場合は、一口250ユーロ（およそ3万円）という少額から参加できます。マインツ市内に住む、太陽光発電に興味がある人たちによって設立された組合で、個人ではパネルを置く場所をもっていなくても、自然エネルギーに投資できるために、共同で公共施設にパネルを取り付ける小規模プロジェクトを推進しています。

　連合に加盟している組合の多くは、プロジェクトを通して、お金を何か役に立つことに使いたいと願う人によって始められています。最低限の経費や利益はあげていますが、銀行やjuwi社のようなプロジェクト開

発業者とは違って、お金のためもうけのためではなく、環境のための投資。だから、利益は二の次で活動しています。

　取材に答えてくれたのは、ラインランドファルツ州ネットワーク市民エネルギー連合組合の共同代表の一人、ヴェレーナ・ルパート博士（1962年生）。優しい印象の女性です。

ルパート博士：ドイツでは再生可能エネルギーの買い取り制度のおかげで、再生可能エネルギーが広く普及しました。ドイツの全エネルギーの25％が再生可能エネルギーですが、その半分は市民が生み出した電力です。積極的な市民がいなかったら、今の状況はなかったでしょう。そういう意味で、市民自身がエネルギー市場のリーダーなのです。

ヴェレーナ・ルパート博士と州内にある市民組合の地図

2000年に施行された再生可能エネルギー法により、市民がエネルギー事業に参加しやすくなりました。例えば発電施設のために銀行からクレジットを借りるときも、固定買い取り制度があるので、20年もの間、買い取りが保障されているため市民も投資しやすく、エネルギー組合も銀行からお金を借りやすくなりました。

　基本的に、組合を立ちあげた人たちは、一人ではできなくても、みんなで力を合わせること、傍観するのではなく、どんなに小さな一歩でもアクティブに問題と向き合うことが重要だと考えて始めた人ばかりです。

海南：市民協同組合への参加の動機は、環境的なことに加えて、投資という魅力もあるようですね？

ルパート博士：一般的には、初めにプロジェクトにかかる費用や利益を計算します。そしてプロジェクトを銀行に説明しローンを組んで立ち上げますが、たいてい市民からすぐに十分な出資が集まります。

　最近は、風力発電のように大きな投資プロジェクトでも短期間で資金が集まります。これは、長い時間をかけて、市民の間にエネルギー市民協同組合の意義が理解されている証拠です。

　あなたが指摘したように、環境的な意識の高まりに加えて、安定した収益が見込めることが世間一般に広く普及したことも大きいですよ。銀行の利子はとても低いため、魅力的な金融商品は少ないですが、それに対してエネルギー組合が潰れる確率は１％以下なので、とても安定した市民の投資になっていると思います。

海南：プロジェクト自体が失敗するというリスクはないのですか？

ルパート博士：もちろんリスクがないわけではありません。実際に過去、

特に1990年代の初期の市民組合ですが、潰れてしまったところもあります。今は、法的規準に基づいて、定期的に協同組合会計監査連盟の監査が入るようになっています。それぞれのプロジェクトのビジネスプランもチェックされていますので、潰れるケースはほぼありません。

　特に、プロジェクトを始める時に、銀行の厳しいチェックを受けて銀行が利益見込みを計算しますので、リスクを最小限に抑えられます。また、どの協同組合も通常、毎年の収益を積立金としてとっておかなければなりませんので、それらは組合員への返済用に優先して充てられます。

　万が一、潰れた時のための方策としては、エネルギー組合の規約によって、組合員に追加の出資義務は課されないことになっています。つまり、組合全体が破産したとしても、組合員は自分が投資した以上の負債を負うことはありません。

海南：エネルギー市民協同組合の立ち上げトレーニングも行っていると聞いたのですが？

ルパート博士：エネルギー組合のプロジェクト開発を学ぶトレーニングがあります。もともとはハイデルベルクにあるエネルギー組合が開発したもので、私たちの州では2010年から行っています。そこでは、エネルギー組合に興味を持った市民が、協同組合がどう機能しているか、協同組合法やその他エネルギー関係の技術的、法律的なことを学ぶことができます。

　例えば、屋根の上にパネルを付けるには、どういう条件を満たすべきか、どこまでがエネルギー組合の安全責任で、どこからがプロジェクト開発業者の責任なのかなど細部にわたります。トレーニングは、最初の3〜4日間が講習期間で、その後はオンラインで4カ月ほどかけて勉強

を進めることになります。

　実は発電を成功させるために大切なことは、経済的な利益が見込めるプロジェクトかを見極めることでもあります。長期的に再生可能エネルギーについて、その仕組みや技術的、法律的な面を学び、プロジェクトを支える中心的な役割を担う人材を育て、事業として成功させる。それが環境を良くすることになります。事業的な感覚を養うことも含めて、必要なトレーニングだと思っています。

海南：再生可能エネルギーが増えると電気代が高くなるという人もいます。どう思いますか？

ルパート博士：それは、違いますよ。買い取り価格が高めに設定されていることは事実ですが、原子力発電はもっとお金を追加しています。発電だけで比べれば、例えば、今、新しい原子力発電所を建てると、１キロワットあたり原価は20セント（およそ21円）くらいですが、太陽光発電であればそれが10セント、風力発電の場合は８〜10セントと、火力や原子力と十分に競争できる価格です。

　ドイツでは火力や原発の場合、原価の内訳がはっきりしていませんが、再生可能エネルギーの電気料金には透明性があります。火力や原発の場合、大気汚染、環境の汚染などで、後世にツケがまわる上に、放射性廃棄物処理のコストは電気代には入っていません。税金で隠されていることは、消費者には伝えられていないのです。

　再生可能エネルギーの電気代が高いというのは、既存のエネルギー施設の既得権益のある人々の悪いプロパガンダです。昔から変わっていませんね。

海南： 固定買い取りの金額の見直しの議論が連邦政府で出ているようですが、そのあたりはどう思っていますか？

ルパート博士： これまでは再生可能エネルギーの普及のために、比較的高く設定されていた20年の固定買い取り価格ですが、この成功モデルにも見直しの議論が始まっているのは事実です。連邦経済エネルギー省から出された今後のエネルギー計画によって、再生可能エネルギー法が改悪されて、固定買い取り価格、特に太陽光発電の価格の引き下げが検討されています。

　買い取り価格が下落すると、市民のエネルギー事業の収益が減り、参加が難しくなります。これに対して市民の声を吸い上げる場所がなかったので、他の連合体と協力して、ベルリンに連邦レベルでのエネルギー市民連合を立ち上げました。

　もともと私たちは、政治的な活動をするための連合体ではありませんでしたが、今はきちんとした政治的な意見を述べなければ、大きな揺り戻しで、市民のエネルギーシフトを妨害される可能性があるので、きちんと注視していくことが大切です。

フクシマ後、ドイツのエネルギーシフトのいま

　2012年末までにドイツ全土で設置された再生可能エネルギーの発電施設のうち、設備の出力を基準に比較すると、一般市民によるものが35％。農家が11％。中小企業が14％、地方自治体の公社によるものが７％と、全体の６割以上が、いわゆる地域の人々の手で発電されていることがわかります。いわゆる大手の電力会社や、銀行系ファンドなどが残りを発電しています。

チェルノブイリとフクシマと記されたオブジェ

　実際に、福島第一原発の事故の後、自然エネルギーに対する急速な需要の高まりを受けて、エネルギー市民協同組合への投資額は大幅に伸びました。2008年まではドイツ全土で100ほどしかなかったエネルギー市民協同組合ですが、５年で９倍に膨れ上がり、2013年にはおよそ900の組合が存在しています。

　太陽光発電を主にしたものも多いですが、今後は、風力発電や、地熱発電、バイオマス発電などに移行していく方向にあります。発電能力で比べると、風力のように多くの需要を賄える、効率の良いものを推奨していく流れがあるからです。

　ドイツ全土では、屋根に太陽光パネルをあげている人は2013年に850万人を超えたと言われていて、全人口8000万のうちの１割が、太陽光パネルとともに寝起きしていることになります。

　市民による再生可能エネルギー施設への投資は、2012年だけでも、51億ユーロ（およそ6700億円）に達していて、自然エネルギーへのシ

フトを行っている主役はまさに、普通の市民ということです。原子力発電や火力発電とは異なり、スケールの小さい発電スタイルが自然エネルギーには向いており、地産地消のエネルギーと言えるのです。

　2000年の法改正から始まったドイツの市民エネルギーの普及は、2011年のフクシマの事故をへて大きく伸び、いままた別の曲がり角にいます。市民が多く参加してエネルギーシフトがなされたことで、当初の予測よりも大きな変化が来たために、普及を進めるために設定していた固定買い取り価格は、今後、順次見直されていく方向にあります。それでも、原子力発電の全廃を決めたドイツにあって、市民のエネルギー組合の果たす役目は今後も重要な存在であり続けると感じました。
　日本の何周も先を歩いているドイツ。純粋にうらやましいと感じてしまったのは、私だけでしょうか？

100％再生可能エネルギー・大都市の挑戦

　ドイツを代表する大都市のひとつ、ミュンヘンでは大きな変化が起きようとしています。南ドイツのバイエルン州の州都で人口140万人、ドイツ第3の街です。膨大なエネルギーを消費しているミュンヘンですが、2025年までに市内の全世帯の電力を、再生可能エネルギーに切り替えることを採択しました。

　よく言われることは、村のような小さなところでは自然エネルギーへの切り替えができても、大都市では難しいという意見があります。ミュンヘンの決断はそれをくつがえす大事件です。

　ミュンヘン市の電力事業は、市が100％所有するエネルギー供給公社（SWM）が行っています。19世紀末からの事業で、1998年の電力自由化後もミュンヘン市が所有し続けています。

　1990年に市議会では、緑の党と社会民主党との連合政権ができました。そして、エネルギー政策の転換が始まり、原発をやめる方向がうち出されました。エネルギー供給公社（SWM）はその当時、3分の1を原発で発電していたため当初は抵抗しました。しかし、その後に連邦政府の方針が変わって原発の廃炉が決定。エネルギー供給公社（SWM）所有の原発も2021年に廃炉になります。廃炉後の発電対策が急務になり、代わりに石炭火力発電へのシフトを発表しましたが、市民や緑の党から厳しい反発を受けました。

　ミュンヘン市議会議員で、緑の党の環境政策担当をしているザビーネ・クリーガー（1957年生）さんは、元教師で、環境団体で広報と

して働いていたこともあります。

　「エネルギー供給公社（SWM）とは長い議論がありました。彼らは、火力発電を推していましたが、私たちは同時に再生可能エネルギーも取り入れるべきだと主張して、彼らをその後に説得して、自然エネルギーへのシフトに成功しました。市が公社を100%所有していますから、市議会の意見＝市民の意思なので、それに従うことが彼らの役目でもあります」

　エネルギー供給公社（SWM）は、2008年から太陽光、風力発電事業に積極的に投資を始めました。初期の大型プロジェクトは、サッカー場40個もの巨大な太陽光発電設備。2025年までにすべての家庭用事業用電力を、再生可能エネルギ　に切り替えようという目標と、2040年までには、ヒーターも再生可能エネルギーで賄う大胆な２つの目標のもと、着々と発電を切り替えています。

大都市で自然エネルギーの挑戦が始まっている

実は、ミュンヘンのプロジェクトにはカラクリがあります。

市内で再生可能エネルギーの施設を作っても、実際に140万の人口分を賄うことは簡単ではありません。特に、ミュンヘンのあるバイエルン地方は歴史が長く、非常に保守的な地域で、景観に対する厳格な規制があり、風力発電をあまり建てることができません。歴史に培われた保守的な伝統を崩すのは一筋縄ではいかないために、市内だけで発電することをあきらめて、エネルギー供給公社（SWM）はドイツ内外のさまざまな場所に進出して太陽光発電や、風力発電所に大規模な投資を始めました。

その発電量の合計が140万人の人口に匹敵する再生可能エネルギーになる、ということを初期の目標にしました。少し先には、すべてミュンヘン市内での発電を念頭に置いていますが、とりあえず現実的な選択としてこの方法を選びました。

このカラクリを聞くと、正直少し、残念な気持ちにもなりましたが、電力は繋がっていて、広義には隣国で発電していても、自然エネルギーの普及が進むことに変わりない、それが大都市ミュンヘンの判断でした。

エネルギー供給公社（SWM）がてがけた国際的なプロジェクトでいえば、スペインの太陽熱発電への大規模な投資や、イギリスでの洋上風力発電の計画もあります。ミュンヘン周辺の地域でも太陽光発電や風力発電などが建てられていますし、市内の屋根を太陽光に使うことも含めて、来たるべき2025年に向け着々と準備を進めています。

ミュンヘンだけでなく、ドイツの環境政策を考える場合には、緑の党の存在が多かったようです。そのあたりを先ほどのザビーネ市議会

議員に聞いてみました。

海南：緑の党は最初は少し変わり者と思われていたようですが、市民の意見が変わったのはいつからですか？

ミュンヘン市議会議員の
ザビーネ・クリーガーさん

ザビーネ：ドイツの場合は、緑の党の本当の始まりはチェルノブイリ事故ですよ。日本の場合は、フクシマなのではないでしょうか？
　当時ドイツでは、原発事故の影響が大きく取り上げられ、人々の不安は膨らむ一方でした。〝子どもたちのために地球を守りたい〝という思いを市民が発信する場所がなかった。だからドイツ緑の党に人々の気持ちが向いたのでしょう。議席の増減はありますが、今では平均して10％前後を確保する安定政党になりました。
　変化のチャンスは日本にも、いえ日本だからこそあると思いますよ。

海南：あなたが緑の党へ入ったことと、チェルノブイリ事故には関係がありますか？

ザビーネ：事故の当時、私は妊娠していたので、チェルノブイリ事故で人生が180度、変わりました。急に環境のことを考えるようになり、生まれてくる子どもに自分が何をすべきかと問い続けました。そして、政治の活動にかかわり始めたのです。

　市議会に12年いて闘い続けていますが、もしチェルノブイリ事故がなければ、政治家にはなっていなかったかもしれません。

＊　　　　　＊　　　　　＊

　自治体はエネルギーシフトの重要な担い手です。

　ドイツでは自治体が100％再生可能エネルギーになることを推進する仕組みがあります。2007年度から始まった「100％再生可能エネルギー地域」プロジェクト。環境省の委託を受けて社団法人が運営するこのプログラムは、「100％再生可能エネルギー地域」を毎年表彰し、その推進を助言したり指導する機能を果たしています。

1．再生可能エネルギーの中長期的なシフトを議会で決定していること
2．目標達成のためのコンセプトや住民合意がなされていること
3．中間目標を達成して、持続可能な供給に見通しがあること

　など30項目の評価の上で、進行度が高い地域を「100％再生可能エネルギー地域」として評価しています。それに続く地域は「スタート地域」として評価。2011年の統計ですが、「100％再生可能エネルギー地域」はドイツ全土に78地域、「スタート地域」は40地域あります。参加する地域は人口1000人の村から100万都市までさまざまです。

そもそもこのプロジェクトは1990年代の初めに、非常に小さな規模の活動から始まったもので、それを環境省が主導で行うまでに、時間をかけて全国のあちこちで始まって、さらに、福島第一原発の事故で加速度的に進みました。

ビール片手に仲間と語らうミュンヘンの街角

市内で客を待つ自転車の人力車

第5章

日本のママたち、若者たちへ

ドイツの奇跡を成し遂げたシェーナウの母であり、シェーナウ電力会社（EWS社）の社長であるウルスラ・スラデクさんに、日本の悩める母のひとりとしてインタビューしました。私がシェーナウ電力会社（EWS社）を訪れたのは、チェルノブイリ事故の28年目の記念日の直後でした。

シェーナウのママ社長からのメッセージ：
ウルスラ・スラデクさんに聞く

海南：私は、2011年の福島の原発事故の直後に妊娠して、知らずに原発４キロまで取材に行っていて、胎児を被ばくさせたのではないかと気が狂いそうになりました。他にも似た経験をしたお母さんたちをたくさん取材して、自分たちがどうしたらいいのか悩んでいるときにシェーナウのことを知って取材に来ました。

ウルスラ：原発事故後、日本がこれからどうするか？　それはとてもいい質問だけど悩ましいですよね？　チェルノブイリ事故後のドイツは、福島の後の日本に比べれば安全だったけれど、でも私たちは子どものことが心配でした。何を食べさせればいいか、外で遊ばせて大丈夫か？とかね。その中で、自分たちが何をすべきか考え続けていた時は、私たちも無力さにさいなまれました。

　だからこそ、他の人と一緒に何ができるかを考える必要があるんです。私たち親には特別な力が備わっています。それは子どものことを考えているから。私たちは集いあって、脱原発が進むために何をすべきか真剣に考えましたよ。だって、政治や電力会社は何もしなかったんです。それは、今の日本も同じ状況ですよね？

海南：はい。ドイツのような原発全廃の決断もしていませんし、再稼働も進んでいます。私はこの３年間で200人くらいお母さんたちを取材しましたが、みんな人生が変わってしまって、安全な場所を求めて縁もゆかりもない場所に逃げた人も多いですし、原発事故が原因で夫と離婚した人もいました。

ウルスラ：母親なら、子どもたちと安全な場所へ逃げるのは当然です。私でも同じ判断をしますよ。日本の場合、事故に関わりのない市民に対して、原発の危険性を伝える情報が足りていますか？　この間の選挙でも原発を推進する政権（安倍政権）が生まれていますし、「私たちは原発に反対しているよ！」と政治家に対して言える環境を作らねばならないのではないでしょうか？

海南：私たちはいま、絶望しているというか、国や電力会社を動かすのはすごく難しいんです。どうしたらいいのでしょう？

ウルスラ：まずは情報をきちんと出すことです。あんなに大変な事故が起きたにもかかわらず、日本の大多数の人は、原発をまだ許容範囲だと考えているのではないかしら？　前回の選挙結果に現れていますよね。

シェーナウ電力会社社長
ウルスラ・スラデクさん

だから、情報と啓蒙がとっても大切なんです。私たちは『原子力をやめる100の理由』という本を出版しています。日本版も出版されていますよ。最終的に原発のエネルギーがどれだけ危険なのか、たくさんの人に知ってもらわなければなりません。

海南：チェルノブイリ事故のあと、他のお母さんたちと活動を始めた時はどのような気持ちで集まったのですか？

ウルスラ：政治家も電力会社も何も変えようとしなかったことに対して、私はとにかく怒っていました。政治が、唯一変えたことといえば、放射性物質の基準値を緩くして「安全です」ということだけだったんです。

海南：日本もまったく同じ状況でした。国や電力会社がいう数字がまったく信用できなくて、みな不安に思っています。

ウルスラ：怒りをどこにぶつければよいか分からないぐらいいっぱいになりますよね。大事なことは、その怒りを使って、何か前向きなことに変えることです。時間はかかるかもしれないけれど、一歩ずつ正しい方向に進められるように、前向きな活動に変えていくことです。

海南：みなさんはどうして電力会社という選択にたどり着きましたか？

ウルスラ：事故直後は、そんな大それたことは全然考えていなかったんですが、脱原発が早く進むためにどうしたらいいかを考えながらそこにたどり着きました。省エネの活動から始まって、次に、小さな水力発電を復旧させる会社を作り、最終的に、自分たちの電力会社設立というアイデアにたどりつきました。

海南：電力会社や国と闘うのはすごく大変そうですが、一番大変だった

ことは何ですか？

ウルスラ：電力会社からの抵抗はもちろんでしたが、一般市民からの抵抗も大変なものでした。当時、市民が電力事業を始めるなんて桁ハズレのことだったので、1990年から97年まで7年間戦いました。2回の住民投票も、送電線の高額な買い取りも、大変なことだらけでしたよ（笑）。どれかひとつというわけにはいきませんね。

海南：恐ろしくて辞めたくなったことはありませんか？

ウルスラ：もちろん苦しいことはありましたが、負けないし、絶対に成功できると考えました。苦しい時、いつも救世主が現れて、新しいアイデアで乗り越えてきました。

海南：日本では銀行が参加して電力改革が始まることはあまり現実的ではないのですが、GLS銀行の参加は大きかったですか？

ウルスラ：GLS銀行は非常に重要でした。私たちの事業計画全体を調査し、経済的にも意義あるものだと判断してくれました。環境に優しいだけではなくて、経済性も大切なことです。そして、広告代理店も重要でした。どちらもとてもすばらしい出会いでした。ドイツだけでなく外国からも、たくさんの寄付が集まったことも奇跡でした。

海南：国内外の市民から具体的にどんなサポートがありましたか？

ウルスラ：フランスやスイスからも寄付金が入ってきました。あるフランスの女性から2万5千マルク（150万円）も寄付をいただきました。私たちがお礼状を送ると、さらに2万5千マルク寄付してくれました。

　お小遣いを寄付してくれた子どももいましたし、お年寄りが誕生日のプレゼントを断って、何も要らないので代わりにシェーナウに寄付して

くれと言った人もいました。本当に圧倒されるような波でした。それ以来、何でも可能なんだと私は信じています。

海南：成功すると思っていましたか？

ウルスラ：何かを始めるときは、絶対に成功すると信じなければダメなんですよ。信じなければ、最後まで闘うための力も勇気もわかないのです。不安になることもありますが、グループ全員が同時に不安になったことはありません。お互いを勇気づけて活動を続けました。

　ハードルは山ほどありましたが、直進できないときは、くぐるのか、右や左を回るのか。必ずどこかに道はあります。一緒に新しいアイデアを探す仲間がいたのは心強かったですね。

海南：お母さんだからがんばれた、という面はありますか？

ウルスラ：それは大いにありますね。母親はいつも子どもを守るために戦っていますから。チェルノブイリ事故があった1986年には、長女は13歳、次女が11歳、息子は9歳、7歳、4歳でした。

　子どもたちも事故後、親たちが心配していることに気づいていました。あまり不安にさせたくなかったので、原発事故について大切なことを少しだけ伝えました。これで正しいか当初は悩みましたが、親から原発事故についてきちんと聞かされている方が、何も知らされていない子どももより安心していると言う心理学的な調査結果が出て、私たちもほっとしました。

海南：現在、下の息子さんがこの会社で一緒に働いていますよね？　大人になった息子さんたちが、この会社で働きたいと言ったときにはどの

社員総出でデモに参加。楽しくやることが大切　写真提供 ©EWS社

フクシマの事故後には
ウルスラさんもデモに参加した
写真提供 ©EWS社

たくさんの若者がシェーナウで働くために大学卒業後戻ってきている
ウルスラさんの息子さん（左）もそのひとりだ

ように思いましたか？

ウルスラ：私と主人はもちろんとてもうれしかったです。うちの子ども
たちは、エネルギーシフトの運動とともに大きくなったわけです（笑）。
親があまりにも積極的な活動をしていると、子どもは逆に興味を持たな
いこともありますよね。うちでは違っていて、どの子も環境に対する意
識が高いです。息子と一緒に自然エネルギーの会社で働けるのは夢のよ
うな話です。

海南：これから先、シェーナウ電力会社（EWS社）をどういう会社に
していきたいですか？

ウルスラ：シェーナウ電力会社（EWS社）はふたつの部分からできて
います。ひとつは電力を売ってお金をもうける会社です。もう一方では
NGOのような存在で、エネルギーシフトのアイデアやノウハウを普及

太陽光の差し込む明るいコールセンター

させています。

　実は、その後者の方が重要で、私たちの会社の特性でもあります。電力販売でもうかった資金で、エネルギーシフトの情報提供のために貢献することが、最も重要なのです。

海南：私たちもシェーナウ電力会社（EWS社）のようなことを始めたい、だけど怖い、というのが本音ですね。国も電力会社もすごく力が大きくて、どうしたらウルスラさんのようになれるのですか？

ウルスラ：日本での法制度は、私には全部は分かりませんが、ドイツでは自治体が電力事業者を公募して、電力供給の許可を20年間継続して与えます。日本でも似たようなシステムがあれば、市民が電力会社を立ち上げて、電力供給の許可を申し込むことはできませんか？

　もちろんそれ以外にもたくさんの可能性があります。例えば、多くの隣人と一緒に１台の風力発電所や太陽光発電所を作り上げるとか、省エ

ネについて情報を共有するとか。最初から電力会社のような最も難しい事業に取り組む必要はないのです。もっと簡単に実現できることもあるのですから。

海南：苦しくてやめたい、と思ったことはありますか？

ウルスラ：真剣にやめようと思ったことは一度もなかったのです。さすがに2回目の市民投票のときは、疲れ切っていました。仕事が山ほどあって、毎晩集会があって。朝起きる前、ベッドで泣き出しそうになっていました。あまりにも疲れていたからです。

　でも、ドイツ全土が私たちに注目していました。だから、やるしかしかありませんでした。そのときには、脱原発の象徴になりつつあったので、後戻りは許されなかったから。

海南：ずっとスマイルでお話されてましたが、苦しいときもずっと笑っていました？

ウルスラ：私も歯をむき出したり、歯を食いしばったり、こぶしを握ったりしましたよ。でも、微笑むのは大切だと思います。どれだけ苦しくても、心配がどれだけあっても、この世界が美しいということも意識しなければなりません。

　そしてその美しさのために闘っているんですもの。次世代に残したいものは環境や健康などすべて美しいものばかりですから、微笑みながら、ポジティヴな気持ちを持つことも重要です。

海南：今日、聞いたことを、取材させてもらったお母さんたちに伝えます。日本には行き詰まっているお母さんたちがいっぱいいます、私も含

めて。これは今、2歳になる私の息子です(写真を見せる)。生まれるまで本当に胎内被曝が心配でした。次に何をすべきか悩んでいる私たち母にとって、シェーナウのような成功している事例は、すごく、すごく心強いです（泣きながら答える海南。ウルスラさん、海南を抱きとめる）。

　私だけじゃなくて、たくさんのお母さんたちに出会ってしまったので、何とかしなくちゃという想いがすごくあって、泣いてしまってすみません。今日来られて本当によかったです。

ウルスラ：私たちでできることがあれば喜んでやります。地球はひとつです。この地球が、次世代に引き継げるように、一緒に行動をするのが正解ですよ。

インタビュー終わりの海南とウルスラさん

日本で始まる、始める、電力自由化レボリューション

2016年４月から日本でも家庭向けの電力の自由化が始まりました。

いままでは東京電力や関西電力などのように、全国に９つある大手の電力会社が独占して家庭向けの電力を作っていました。自分の地域で使える会社はそれぞれひとつしかなかったので、たとえば原発事故を起こした東京電力をやめたい、と思っても関東地域に住んでいる限り、他の電力会社から電気を買えるシステムがありませんでした。

東京電力福島第一原発の事故を受けて、家庭向けの電力の自由化の法整備が進み、日本でもドイツのように、自分の好きな電力会社を選べるようになったのです。

ドイツの30年の変化の中でも、この電力自由化と、自然エネルギーの固定買い取り制度は２つの大きな柱として、重要な役目を果たしてきました。日本でもいよいよドイツのような大きな変革が生まれる体制が整ったのです。

電力会社を選ぶには

2016年４月現在、400社を超える電力会社があるとも言われています。

電力会社を今までの大手の電力会社から乗り換えても、電気の品質に変わりはありません。

価格の安さを売りにしている電力会社を選ぶこともできますし、自然エネルギーなど環境に配慮した発電方法の会社を選ぶこともできます。

自分の家で使っている電力の明細表を手にして、下記のような比較サイトで調べてみましょう。

電力比較サイト　エネチェンジ	https://enechange.jp/articles/liberalization
価格.com　電気料金比較	http://kakaku.com/energy/
株式会社 新電力	http://www.pps-net.co.jp/
新電力比較サイト	http://power-hikaku.info/

選ぶ基準は、3つ

たくさんの電力会社の中から選ぶポイントは、主に以下の3つだと言われています。

●電気の料金

使い方、使う量が全く同じでも、年間で1万円以上の差がつくこともあります。よく料金を見比べてどれが自分のライフスタイルにあっているか考えてみましょう。

●顧客対応はいいか？

申し込みや契約のために、電力会社に連絡をすることがあるでしょう。「電話がなかなか繋がらない」新電力もあるので、顧客対応がきちんとしているかは大切なポイントです。電気の品質は電力会社を乗り換えても変わりませんが、サービスの品質は変わります。

新規参入の会社がもともとどんな経営母体なのか？　顧客の窓口はあるのか？　などよく考えましょう。

●環境にやさしいか？　地域のためになるか？

電力会社によって、発電の方法が違います。環境にやさしい再生可能エネルギーを中心とした、エコな電気を購入できるプランも続々登場しています。

また、電気の「地産地消」を謳う会社もあります。地元で作った電気を地元で使えば、電気代が地域の雇用や税収のアップにもつながるので、地域振興につながると期待されています。どの電力会社を選ぶかは消費者の手に委ねられているので、未来のことを考えた選択も可能です。

もし、ドイツのような変化を私たちが作りたいと考えるならば、何を基準にして電力会社を選ぶか自然に答えは出ることでしょう。

知られざる自然エネルギー大国・ニッポンの可能性

実は日本の自然エネルギーの潜在的な発電能力はとても高いといわれています。ドイツでの取材中も電力事業の関係者から同じようなことを繰り返し言われました。

日照時間が年間を通して安定していること、風が満遍なく吹くこと、温泉がたくさん出ることに象徴されるような地熱発電の潜在能力が高いこと。海に囲まれていて波の力を利用して発電の可能性。いままで、私たちは日本がエネルギー資源のない国だと思いこまされてきましたが、それは20世紀の古い考え方。自然エネルギーに目を向ければたくさん

の可能性を秘めています。

　現在日本にあるすべての発電設備は約２億4000万kW（キロワット）。2011年の環境省の調査では、風力だけで19億kWの発電設備を導入できる可能性があると発表しています。この風車が１年間に作る電気は、原発500基分にもなり、大きな潜在能力があることがわかります。

　加えて、自然エネルギーの固定買い取り制度が2011年の原発事故を経て大幅に改定され、自然エネルギーが普及しやすい環境が整っています。最も高い買い取り価格では、2012年から固定で20年間にわたって太陽光発電を36円（１kWあたり）で買い取ってくれるため、安定した事業として、金融機関の融資もつきやすい条件が揃ってきています。

　固定買い取り価格は定期的に改定され、現在は太陽光発電の価格は以前より下がっていますが、それでも2011年の事故前よりは大幅に高いですし、代わりに他の自然エネルギーの買い取り価格が上がるなど、今後もこの制度は続いていきます。

　あとは私たちが参加するだけ、というところまで来ているのです。

電力会社を始める　参加する

　このような日本の自然エネルギーの力を利用した市民による電力会社や、協同組合スタイルも日本各地で登場してきています。

　第４章で見たドイツの制度のように、多くの人が参加することで、エネルギー大国日本の地域の可能性がもっと広がることになります。

　毎年新しいファンドの募集が行われるケースが多いです。定期的にチェックして趣旨に賛同して参加できる出資ファンドを探しましょう。

市民の協同組合や、共同出資の自然エネルギー	
北海道グリーンファンド	http://www.h-greenfund.jp/
自然エネルギー市民ファンド	http://www.greenfund.jp/
会津電力	http://aipower.co.jp/
おひさま自然エネルギー	http://aichi-ohisamanet.co.jp/
きょうとグリーンファンド	http://www.kyoto-gf.org/
おひさまエネルギーファンド	http://www.ohisama-fund.net/
備前グリーンエネルギー	http://www.bizen-greenenergy.co.jp/
土佐くろしおソーラー発電ファンド	https://smart-energy.jp/kuroshio_top.html
ISEP（環境エネルギー政策研究所）	http//www.isep.or.jp/
ソーシャルファイナンス支援センター	http://sfsc.jp/fund.html
全国ご当地エネルギー協会	http://communitypower.jp/
全国ご当地エネルギーリポート！	http://ameblo.jp/enekeireport/

固定買い取り価格について
経済産業省・資源エネルギー庁　なっとく！ 再生可能エネルギー http://www.enecho.meti.go.jp/category/saving_and_new/saiene/kaitori/index.html

あとがき

　ドイツでママたちや若者たちが起こしたことを見れば、電力自由化を利用することが、ターニングポイントになること明らかです。

　「それってそんなに難しいことじゃないんだ、やればできるじゃん」というのがいまの私の本心です。

　3・11後、暗いトンネルを歩き続けるような気持ちでしたが、巨大な電力会社と戦うというよりは、子どもや未来のために気持ちいい選択をすればいいだけ、というシンプルな答えにたどりつきました。

　それには、とにかく"始めること"です。電力会社を変える、少額でいいから市民発電に出資するなど、家事や育児、仕事に忙しい自分にもできるかも、と思わせてもらいました。

　その思いが高じた私は、最近、京都で友人の経営する1軒屋カフェ「かぜのね」の屋上に太陽光パネルを上げました。賃貸マンションではできなかったので、友人に相談して場所を決めました。資金100万円はひとりでは難しかったので、カフェのお客さまやクラウドファンディングに呼びかけ、行政の補助金ももらって、半年かけて集めました。手続きはそれほど難しくなかったし、太陽光パネルを長年やっている会社に頼めたこともあってとてもスムーズでした。

　パネルが上がる日、カフェでおひろめパーティーをやり、3・11後の悩みがひとつ解消されて、すがすがしい気持ちになりました。今も順調に発電していて、電気代は季節にもよりますが半分に下がりました。

　電力自由化が始まった2016年。報道を見ながら、日本でも自由化

で大変革が起きた電話や通信を思い出していました。10代の半ばまで、電話は電電公社（今のNTT）が独占していて、携帯電話もなかったので、一家に1台の固定電話が当時は普通。電話を引くために6万円も払って権利を買わねばならなかったですし、電話代金もとても高かったです。

　1985年に通信の自由化が始まり、自由に電話会社が選べるようになりました。多くの会社が競うことでさまざまな制度が生まれ続けています。

　日本の電気の自由化は始まったばかりですが、毎月数千円の電気代の支払いの向こうに未来の世界が繋がっていると考えただけで、私はワクワクしてしまいます。

　3・11から5年。チェルノブイリから30年。いまから25年後の日本はドイツのような国になっているでしょうか？　もっと進んだ環境先進国になっている可能性だってあります。

　限界は空高く。できない、と決めないで、できると信じて歩み続ける。それが2016年の私の気持ちです。

　最後に、ドイツ取材から2年もたってしまいましたが、やっと出版にこぎつけました。この間、ご協力いただいた全ての方に感謝いたします。

　また、海外取材で家をあけても我慢してくれた息子と、その世話を手伝ってくれた私の母、公私ともにパートナーである向山正利にも、こころから感謝します。

　　2016年7月

　　　　　　　　　　　　　　　　　海 南 友 子

Special Thanks ── お世話になった方々

★取材に協力いただいた EWSシェーナウ電力会社／juwi社／GLS銀行／カルカー遊園地／アルフレッド・リッター社／避難母子と支援者のみなさん／有限会社ひのでやエコライフ研究所の山見拓さん

★撮影の南幸男さん／ビデオエンジニアの河合正樹さん／アシスタントの丸山由夏さん、野村由未来さん

★ドイツでのリサーチとコーディネートのカトリン・ヒスキーさん／鳥井シュリッツァー佐基江さん／ミシャエル・シュラグさん

★仕事のパートナー・プロデューサーの向井麻理さん

★デザインの細川佳さん／高文研の小林綾さん、山本邦彦さん

参考文献

『自然エネルギー革命をはじめよう　地域でつくるみんなの電力』
（著：高橋真樹／大月書店）

『市民がつくった電力会社　ドイツ・シェーナウの草の根エネルギー革命』
（著：田口理穂／大月書店）

『再生可能エネルギーが社会を変える
　市民が起こしたドイツのエネルギー革命』
（著：千葉恒久／現代人文社）

『100％再生可能へ！　欧州のエネルギー自立地域』
（編著：滝川薫　著：村上敦、池田憲昭、田代かおる、近江まどか／学芸出版社）

『100％再生可能へ！　ドイツの市民エネルギー企業』
（著：村上敦、池田憲昭、滝川薫／学芸出版社）

『市民・地域共同発電所のつくり方　みんなが主役の自然エネルギー普及』
（編著：和田武、豊田陽介、田浦健朗、伊東真吾／かもがわ出版）

『メルケル首相への手紙　ドイツのエネルギー大転換を成功させよ！』
（著：マティアス・ヴィレンバッハー　訳：滝川薫、村上敦／いしずえ）

「DAYS JAPAN」
（株式会社デイズ ジャパン　2011年3月号から2016年3月号）

海南 友子（かな・ともこ）

ドキュメンタリー映画監督。1971 年東京都生まれ。19 歳の時、是枝裕和監督のドキュメンタリーに出演し映像の世界へ。NHK ディレクターを経て独立。『マルディエム 彼女の人生に起きたこと』（2001）でデビュー。『にがい涙の大地から』（04）で黒田清・日本ジャーナリスト会議新人賞、平塚らいてう賞受賞。『川べりのふたり』（07）でサンダンス NHK 国際映像作家賞受賞。09 年『ビューティフルアイランズ〜気候変動 沈む島の記憶』（エグゼクティブプロデューサー：是枝裕和）は釜山国際映画祭アジア映画基金 AND 賞を受賞、日米でロードショー公開。12 年『いわさきちひろ〜27 歳の旅立』（エグゼクティブプロデューサー：山田洋次）を全国公開。15 年是枝裕和監督と山田洋次監督に焦点を当てた『The Two Directors: A Flame in Silence』を釜山国際映画祭20 周年企画 The Power of Asian Cinema で上映。
2011 年、東日本大震災後の福島第一原発を 4 キロ地点まで赴き撮影。その直後に妊娠し、男児を出産。自身の出産と放射能をテーマにしたセルフドキュメンタリー『抱く {HUG}（ハグ）』を釜山国際映画祭に正式出品、2016 年全国公開。
海南友子公式サイト：www.kanatomoko.jp

ママと若者の起業が変えた
ドイツの自然エネルギー

● 2016 年 8 月 20 日　第 1 刷発行

著　者───**海南 友子**
発行所───株式会社 **高文研**
　　　　　東京都千代田区猿楽町 2-1-8　〒 101-0064
　　　　　TEL 03-3295-3415　振替 00160-6-18956
　　　　　http://www.koubunken.co.jp
印刷・製本／モリモト印刷株式会社

★乱丁・落丁本は送料当社負担にてお取替えいたします。

ISBN978-4-87498-601-1 C0036